KB164534

국과수에서 일하는 상상 어때?

국과수에서 일하는 상상 어때?

권미아 × 이다혜 지음

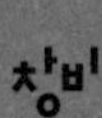

뭔지 모르겠지만 멋있어

무슨 일을 하는지 정확히 모르면서도 어쩐지 동경하게 되는 사람들이 있어요. 이 책을 읽는 친구들은 아마도 국립과학수사연구원, 다시 말해 국과수에서 흰 가운을 입고 일하는 연구원들을 향해 그런 동경의 마음을 품어 본 적이 있으리라 생각해요. '과학적'인 '진실'을 다루는 사람들. 그런 연구원들 사이에서 일하는 미래를 상상해 본 적 있나요?

영화 전문지 기자이자 작가인 저 역시 몰랐던 세계에 대한 막연하지만 강렬한 호기심이 있어요. 그래서 국립과학수사연구원 부산과학수사연구소장 권미아 선생님을 만나서 일단 무슨 일을 하는지부터 물어봤어요. 생각보다 국과수에서 다루고 있는 분야가 많아 놀라웠죠. 게다가 그 안에는 여러 분야의 전문가들이 협업하고 있더라고요.

여러분은 '사건' 현장이라고 하면 어떤 것이 생각나나요? 살인 사건 같은 범죄만을 떠올리는 건 아닌가요? 삶의 여러 방면에서 과학 수사는 빛을 발합니다. 드라마와 영화에서 과학 수사 연구원들이 자주 등장하는 이유가 있어요. 국과수의 사람들은 절도나 살인 사건부터 교통사고는 물론 화재나 산업 재해 등의 사건 현장을 조사하고, 현장에서 얻어 낸 자료를 분석하고, 법정에서 증언하는 일까지 다양하게 활약합니다.

예를 들어, 이름난 대가들의 미술품들은 무척 값비싸기 때문에 종종 도둑질의 표적이 됩니다. 미술품 도난 사건이 있을 때도 수사가 필요하지요. 수사를 위해서 형사들과 미술 전문가들이 투입되는 것은 물론이거니와, 현장에 남아 있는 단서로 도둑을 잡기 위해 국과수 연구원들도 대거 동원됩니다. 미술관이라는 범죄 현장에서 발견된 증거물을 분석하는 거예요.

역사적인 사건들 뒤에도 과학 수사 전문가들의 활약이 숨어 있습니다. 한국 전쟁 당시 나라를 위해 싸우다 전사한 전사자들의 유해를 분석하고 유가족들의 유전자 시료와 비교해 전사자의 신원을 확인하는 일 역시 과학 수사 전문가들이 보람을 느끼는 일 중 하나라고 합니다. 70년도 더 전에 세상을 떠난 망자들이 가족의 품으로 돌아갈 수 있도록 노력하는 거죠. 한국 전쟁처럼 먼 과거로 가지 않아도, 실종 아동의 가족을 찾을 때 역시 과학 수사가 빛을 발합니다.

앞으로 펼쳐질 권미아 선생님의 이야기를 들으면 국과수 연구원들이 가진 자부심을 이해할 수 있게 될 겁니다. 이미 벌어진 사건의 증거물을 조사하는 일뿐 아니라, 앞으로 벌어질 사건을 사전에 예방하기 위한 조치에도 부지런히 나서고 있거든요. 예컨대 뉴스에서 종종 음주 운전 사고를 접할 때가 있을 거예요. 음주 운전은 자주 사람의 목숨을 좌우하는 큰 사고로 번질 수 있기 때문에 사건이 일어난 뒤의 대처만큼이나 사건이 일어나지 않게 하는 노력 역시 중요한데요. 음주 운전 여부를 밝혀낼 수 있는 기술을 새롭게 만들어 내는 일도 한다고 해요. 이미 존재하는 연구 기법을 익히는 것에서 출발해 세상에 존재하지 않는 연구 기법을 만들어 내 세상을 더 안전하게 할 수 있다니 이만큼 멋진 일을 또 찾을 수 있을까요.

어떤 일을 하는지 알게 되고 나면, 어떻게 해야 국과수에 들어갈 수 있을지 궁금해질 텐데요. 권미아 선생님에게 어떻게 진로를 설계해야 좋을지도 질문해 보았습니다. 어떤 전공이 필요한지, 면접을 볼 때 어떤 덕목을 중요하게 보는지 말이에요. 권미아 선생님은 새로운 연구원을 채용할 때 면접관으로도 참여하였기 때문에 어떤 점들을 중요하게 보는지 잘 알고 있거든요. 선생님은 미래의 연구원이 가져야 할 마음가짐에 대해서도 말씀해 주셨어요. 책을 읽다 보면 국과수에 대한 호기심도 채우고 미래의 내 모습을 상상하는 일도 가능할 거예요.

진로를 탐색하는 과정은 길고 울퉁불퉁합니다. 오늘 마음을 먹는다고 해도 내일 생각이 바뀔 수 있고 내일 열심히 한다 해도 내년에는 막다른 골목에 부딪힌 기분을 느낄지도 몰라요. 그럼에도 불구하고 멈추지 않고 상상하고 길을 찾는 사람이라면 원하는 미래를 얻을 수 있다고 믿어요. 화재 현장에서 불씨가 어디서부터 번졌는지 알아내고, 타이어 자국으로 교통사고의 진상을 밝히고, 나라를 떠들썩하게 만드는 큰 사건을 해결하는 일. 호기심과 책임감을 두루 지녔다면 환영합니다. 이 책은 즐거운 독서가 될 거예요.

여러분이 권미아 선생님의 후배 연구원이 될 날을 기다리고 있겠습니다.

차 례

1. 국립과학수사연구원에서는 무슨 일을 하나요?

부산과학수사연구소장
권미아 선생님

안녕하세요, 권미아입니다. 국립과학수사연구원(국과수)은 일상적으로 자주 접하는 기관은 아니지만 과학을 통해 여러 사건·사고를 해명하는 곳입니다. 죽은 사람과 사건의 증거 자료들이 방문하는 장소이기도 하고, 과학의 힘을 빌려 진실을 밝히는 여러 분야의 연구원들이 일하는 일터이기도 합니다.

드라마나 영화에서 가운을 입은 연구원들이 사건 현장에 남겨진 증거를 단서로 삼아 범인을 찾아내는 것을 종종 접하실 텐데요, 범죄 이외에도 과학 수사가 필요한 부분은 많이 있어요.

국과수에서는 무슨 일을 할까?

연구소 내에는 여러 부서가 나뉘어 각각 다른 분야를 다루고 있습니다. 크게 법의학부, 법과학부, 법공학부로 나누어져 있는데요. 법의학부에서는 부검과 심리 분석을 진행합니다. 법과학부에는 유전자, 독성, 마약, 화학 분야 분석이 포함되어 있으며 법공학부에는 안전, 교통, 디지털, 문서 분야 분석 작업을 하고 있습니다.

법의학부	부검, 심리 분석
법과학부	유전자, 독성, 마약, 화학
법공학부	안전, 교통, 디지털, 문서

참고로 저는 국과수에서 법화학자로 일을 시작해 지금은 부산과학수사연구소장으로 일하고 있습니다.

법화학자는 무슨 일을 하나요?

법화학자는 '법'과 '화학자'라는 말의 합성어입니다. 화학을 전공하려고 하는 분들을 위해 말씀드리면 법화학 실험실과 화학 실험실의 차이는 없다고 생각합니다. 화학 전문가로서 회사에 가든 국과수에서 일하든 기본적으로는 똑같은 일을 한다고 생각하면 될 것 같습니다. 다만 실험 결과의 쓰임새가 달라질 뿐이죠. 일반 사기업에서는 기업의 이익을 위해서 실험 결과를 이용하지만 법화학은 사건 해결을 위해서 실험 결과를 이용합니다. 그게 달라요.

법화학자가 제일 많이 하게 되는 업무가 뭘 거 같나요? 해외에서 법화학자는 마약 분석을 가장 많이 한다고 알려져 있고요. 한국에서는 알코올 관련한 분석이 많은 편입니다. 법화학 분야에서 제일 많이 하는 일은 시료를 분석해 어떤 화학 물질인지를 밝히는 일, 특히 어떤 사람이 술을 마셨는지 여부를 알아내는 거죠. 그다음으로는 사망자의 생체 시료에서 어떤 유해 가스, 유해 화학 물질에 중독되었는지를 분석하거나 화재 현장에서 방화인지를 알아보기 위해 휘발유 같은 인화성 물질을 확인하기도 합니다. 그리고 바다나 하천에 환경 오염수를 배출하였다면 어느 공장에서 유출되었는지도 확인하고 소고기나 인삼의 원산지를 속이는 경우를 밝히는 일 등을 하고 있습니다.

또한 미세 증거물도 분석하고 있어요. 사람과 사람이 서로 접촉을 하면 섬유라든지 아주 작은 미세한 물질이 남게 됩니다. 시료를 통해 서로 접촉이 있었는지 등의 여부를 현미경으로 보면서 분석하는 일도 하고 있습니다.

법의학이나 법공학도 궁금해요.

법의학부는 주로 살인 등의 범죄와 관련되었거나 피해자나 가해자가 분명하지 않은 변사 사건에서 사인을 밝히기 위한 검안이나 부검을 진행합니다. 모든 시체를 해부하는 것은 아니라서, 눈으로 살피는 것을 검안이라 하고 직접 해부해 살피는 것을 부검이라 하죠.

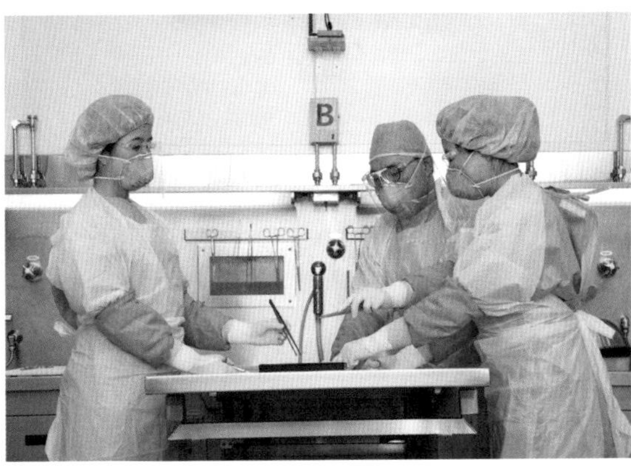

(위부터)
법과학 연구원
법공학 연구원
법의학 연구원

의사를 중심으로 임상병리학, 영상의학, 간호학 등을 전공한 분들이 팀을 이루어 진행합니다. 또 치아나 뼈의 모양과 상태로 개인 식별을 하며 여러 진단 검사로 사망자의 질병 등을 추적합니다. 또한 진술의 진위 여부를 확인하기 위한 허언, 즉 거짓말 탐지 등이 포함됩니다.

법공학부는 화재, 교통, 총기, 안전사고의 원인을 규명하고 범죄 현장에서 남겨진 혈흔 등의 흔적 분석을 합니다. 요즘은 디지털 기기가 증거물이 되는 경우가 많은데 휴대폰, 컴퓨터 등의 데이터 복원, 복구와 CCTV 같은 영상 분석, 음성 분석을 수행하는 곳도 법공학부입니다. 위조지폐를 판별하는 문서실도 있습니다.

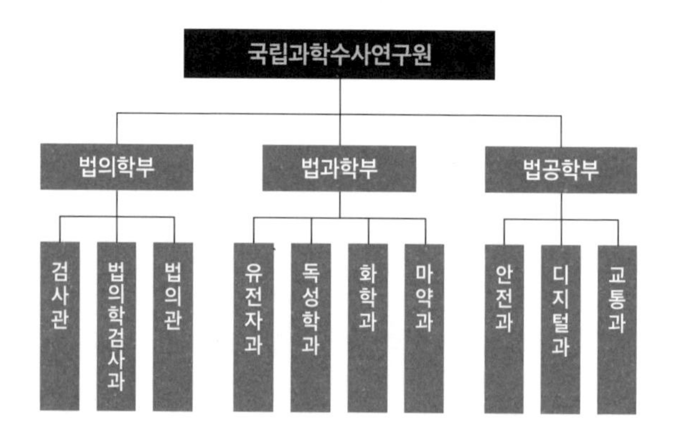

국립과학수사연구원에서 하는 일

부서	하는 일
검시과	• 부검 및 검안 • 법치의학 및 법의인류학 감정 • 재난 희생자 신원 확인 등
법의검사과	• 법의학 분야: 부검 및 검안, 법의영상 감정, 생물 안전 관리 등 • 심리 분야: 진술 진위 분석, 심리 평가, 법최면 및 몽타주 작성, 범죄 분석 등
유전자과	• 강력 사건과 관련된 DNA 분석 • 신원 불상 변사체에 대한 신원 확인 • DNA 데이터베이스 업무 • 실종 아동, 독립 유공자 후손 등 가족 관계 확인 등
독성학과	• 변사 사건, 범죄 등의 약독물 감정 및 연구 • 불량 식품류, 마약류의 감정 및 연구 등
화학과	• 섬유, 페인트, 토양 등 미세 증거물과 화학적 지문에 대한 감정 및 연구 • 유해 화학 물질 감정 및 연구 • 혈중 알코올 농도 및 음주 관련 감정 및 연구 등
마약과	• 2024년 신설되어 마약 관련 감정 전담
안전과	• 화재, 폭발, 안전사고 감정 및 연구 • 흔적, 혈흔 형태 감정 및 연구 • 총기, 폭약 감정 및 연구 등
디지털과	• CCTV, 사진 등 각종 영상물 및 디지털 증거에 대한 분석, 감정 및 연구 • 필적, 문서 위변조, 위조 통화 등 문서에 대한 분석, 감정 및 연구
교통과	• 차량 결함 분석 및 사고 해석에 대한 사고 재현 시뮬레이션 • 도주 차량 여부 및 현장 유류물 분석, 차량 번호판 판독 • 보험 범죄 및 항공기, 선박, 철도 사고 분석

이다혜 기자의 돋보기

세상이 넓은 만큼 과학 수사도 다양합니다

권미아 선생님은 법화학자입니다. 화학자라는 말 앞에 '법'이라는 단어가 붙어 있지요. 국과수의 직업 중에는 법의학자, 법화학자 같은 식으로 '법'이라는 단어가 앞에 붙은 경우가 많습니다. 왜 그럴까요?

이는 국과수에서 범죄 사건과 관련된 수사 혹은 재판에 필요한 자료를 과학적으로 얻어 내고 분석하는 일을 하기 때문이에요. 즉 '과학 수사'는 법과학적 지식을 활용해 각 분야의 전문가들이 증거물 등의 감정 및 분석을 진행하는 일을 뜻합니다. 그중에서도 법화학자는 화학적 분석을 통해 범죄 수사를 도와 사건을 해결하는데요, 일본에서는 법화학을 재판 화학이라고도 합니다. 법정에서 증거물로 쓰일 수 있는 것에 대해 감정을 수행한다는 점에서 유명한 화가의 작품이 진짜인지 가짜인지를 감정하기도 하고, 가스 사고가 일어나면 현장에 출동해 감식을 진행하기도 합니다.

국과수 하면 시체 부검하는 모습, 즉 법의학부만 떠오른다고요? 하지만 과학 수사의 영역은 다양해요. 법과학부의 유전자과는 살인이나 강도 같은 강력 사건이나 성폭력 사건, 절도 사건 등의 범죄와 관련된 유전자 분석과 실종 아동, 독립유공자 후손 등의 신원 확인 등을 담당합니다. 2006년 서래마을 영아 유기 사건을 해결하면서 한국의 유전자 분석 기술은 국제적으로도 인정을 받았다고 해요. 대구 지하철 화재 참사, 세월호 침몰 참사 등 대량 재난 사고가 일어났을 때 희생자의 신원을 확인하는 데에 중요한 역할을 했습니다. 독성학과에서는 의약품, 독극물, 불량 식품, 마약류 같은 물질의 감정을 수행하고 화학과는 음주, 유해 화학 물질 등을 감정합니다.

법공학부는 공학적 지식을 기반으로 사고 원인과 진실을 밝혀내는 일을 하고 있습니다. 법공학부 중에서 범죄가 아닌 사건·사고를 자주 담당하게 되는 곳은 안전과가 있습니다. 안전과는 주로 안전사고나 화재를 담당하며 혈흔 형태 분석을 하기도 합니다. 교통과는 교통과 관련된 사건·사고를 살피는데 교통사고를 재현하는 시뮬레이션, 블랙박스를 비롯한 사고 기록 장치의 분석, 차량 결함 원인 분석 등을 주로 담당합니다. 그 외로는 디지털 증거물 분석을 주로 하는 디지털과도 있습니다.

2023년 한 해에만 37만여 건의 범죄가 일어났다고 해요. 범죄의 종류도 다양해서 다 언급하기 힘들 정도죠. 그렇지만 아직 세상이 살 만한 건 많은 분들이 뒤에서 활약하고 있기 때문이겠죠?

국과수 연구원이 되기로 결정한 이유는 무엇인가요?

저는 초등학교 저학년 때부터 모험을 다루는 책을 유독 좋아했습니다. 새로운 것을 개척하고 역경을 이겨내는 이야기에 푹 빠져 상상 속에 헤매기도 했고 셜록 홈스 같은 명탐정의 냉철한 판단력과 추리력에 심장이 두근거리기도 했습니다. 국과수에서 만나는 각각의 사건은 모두 다른 이야기를 품은 탐험과 모험 같습니다. 사건 원인을 찾고 과거의 시간을 풀어 나간다는 점이 국과수 일의 가장 흥미로운 점입니다. 가령 시체를 해부하는 부검은 힘들고 어려운 일이지만 변사자의 인권을 지키고 억울한 죽음을 해결하려면 우리 사회에서 누군가는 해야 될 일입니다. 그러니 사명감이 꼭 필요해요.

처음에는 그냥 공무원이기 때문에 이 일을 선택한 직원들도 있습니다만 이상하게 국과수에 있다 보면 열정이 생기는 것 같습니다. 저희는 9시부터 6시까지 근무하는데요. 실험을 하다 보면 근무 시간을 넘기는 경우가 대부분입니다. 주요 사건, 특히 대규모 재해나 재난처럼 언론에서 중요하게 다루는 사건인 경우에는 감정 결과가 어느 정도 나올 때까지 남아서 끝까지 감정을 합니다. 이럴 때는 퇴근 시간이나 휴일의 개념이 없고, 집에 가더라도 책임감에 잠을 잘 수 없다고 하더라고요. 저도 그랬고요.

국과수 연구원의 하루 일상이 궁금해요.

어떤 일을 어떻게 하는지, 하루 일과를 예로 들어 볼까요? 아침에 사무실로 출근해서 그날 본인 몫의 실험 스케줄을 다 짭니다. 그 후에는 실험실에 가서 본격적인 실험에 앞서 필요한 준비를 합니다. 기기 전원을 켜 놓고, 시료 전처리를 위해 실내 온도도 조절하고 실험 기구 등을 정렬해 놓는 것이죠. 그 이후로는 계속 실험을 하고 시간이 날 때마다 사무실 자리에 돌아와서 감정서 작성을 합니다. 감정서 작성을 한 뒤에는 동료들과 실험 결과를 두고 토의를 합니다. 본인이 한 감정에 문제가 없는지 확인해야 하니까요. 그러고 나서 상사에게 결재를 올리면 다시 한번

검토한 후에 경찰이나 검찰에 결과가 나가게 됩니다. 보통은 종이가 아니라 서버를 통해 전자 문서로 통보됩니다. 이런 의뢰는 감정 종류에 따라 짧게는 3일에서 몇 달씩 걸리는 감정도 있습니다.

매일 새로운 증거물이 수없이 택배나 인편으로 들어오니 국과수는 항상 분주한 분위기입니다. 정말 중요한 감정일 경우는 '긴급 의뢰'로 접수되죠.

사건을 택배로 받는다고요?

영화나 드라마를 보면 경찰들이 직접 방문해서 사건을 의뢰하는 것처럼 생각할 수도 있는데요. 실제로는 많은 경우 택배로 시료를 받습니다. 경찰 분들이 굉장히 바쁘거든요. 물론 주요 사건이나 긴급 감정 같은 경우는 경찰들이 직접 가져다주기도 합니다. 하지만 음주 측정이라든지 일반적인 사건 같은 경우는 택배로 자료를 받습니다.

접수실에 택배가 도착하면 받은 자료를 하나하나 확인합

니다. 어떤 감정물이 무슨 과로 가야 하는지를 판단해야 하니까요. 각 부서로 가더라도 공동으로 해야 되는 감정이 있다면 다른 부서로 원내 의뢰를 합니다. 국과수 내에서 서로서로 의뢰하는 거지요. 부서 책임자는 담당자에게 감정을 배당합니다. 이처럼 감정물이 이 사람한테 전해지고 저 사람한테 전해지고 하는데요, 본인이 클릭을 하고 감정물을 넘겨받는 순간, 그 감정물은 자기 책임이 되죠. 국과수에서는 지금 어떤 감정물이 어느 과의 누구에게 가 있는지 한눈에 볼 수 있는 시스

상자째로 보관되고 있는 시료들.

국과수 시스템 창을 보고 있는 권미아 선생님.

템을 갖춰 놨어요. 사건을 받은 감정인은 의뢰서를 가지고 감정물을 다시 한번 체크하는 과정을 거치고 감정을 시작합니다. 어떤 감정부터 어떤 순서로 진행할지를 판단하는 것도 중요한 일이고요.

그래도 일의 순서가 어느 정도 정해져 있는 거 아닌가요?

예를 들어 볼게요. 백설공주가 사과를 먹고 정신을 잃은 사건이 접수되어 국과수에 그 사과가 들어온 거예요. 무엇이 어떻게 되어서 백설공주가 쓰러졌는지 알아내야 해요. 여러분은 어떻게 실험을 하겠습니까? 그렇게 들어오는 감정물이 대부분입니다. 막막하지요.

어떤 사람은 경찰서에 샴푸를 들고 와서 "누가 우리 집에 와서 샴푸에 뭔가를 섞은 것 같다, 그래서 머리카락이 다 빠진다."라고 신고하기도 해요. 이렇게 기상천외한 신고들이 생각보다 많습니다. 이런 사건은 어떻게 감정해야 할까요? 우선은 샴푸 성분을 다 알아야 합니다. 그리고 원래 있는 성분 외에 무엇이 들어 있는지 알아내요. 이런 각각의 경우를 어떻게 풀어 나가야 되는지 감정인 스스로 판단할 수 있어야 합니다.

증거를 기계에 넣으면
바로 답이 나오는 것인 줄 알았어요.

감정물을 기계에 넣긴 하죠. 그런데 답이 나오기까지 실제로는 더 긴 과정이 필요합니다. 백설공주 사과로 돌아가 봅시다. 사과가 증거물이면 여러분은 무엇을 먼저 하시겠습니까? 저는 먼저 사과에서 지문을 채취하겠습니다. 그리고 현미경으로 유심히 관찰하면서 독극물을 넣은 주삿바늘 자국이 있는지, 껍질에 묻은 액체나 섬유 같은 이물질은 없는지 형태 분석을 할 것입니다. 그러면서 사진도 찍고 이물질과 유전자 채취도 해야 합니다. 무엇보다 독물을 찾기 위해 사과를 기기에 통째로 넣을 수는 없잖아요? 어느 부분을 자를 것인지, 껍질을 포함할 것인지와 같이 시료 채취를 고민해야 합니다. 작은 토막으로 어떻게 나눌지, 분쇄를 할 것인지, 용액을 만들 것인지, 어떤 용매에 녹여 추출할 것인지, 필터는 무엇으로 할 것인지, 어떤 기기를 사용해야 되며 분석 조건을 어떻게 할 것인지 등등 많은 결정 과정을 거치게 됩니다. 현장에서 일하다 보면 속도와 정확성 사이에서 어느 쪽을 더 우선시할까 끊임없이 고민하게 됩니다. 그도 그럴 게 경중이 다른 사건들이 하루에도 수십 건씩 접수되니까요.

법과학에서 제일 중요한 건 증거물입니다. 증거물을 어떻게 감정해서 가장 정확한 결과를 낼 것인지는 본인의 능력에

달려 있어요. 마약, 알코올, 약…… 여러 가지 검사를 함께 진행해야 할 때가 많거든요. 그때 어떤 게 중요한지를 판단하기 위해 사건 개요를 보고 판단을 내려요. 무엇부터 감정할지를 판단하는 역량이 중요합니다. 시간과 증거물은 한정되어 있으니까요.

완전 탐정 같아요!

다음 이야기를 들으면 그렇게 말할 수 없을 거예요. 감정을 마친 다음에는 결재 감정서를 '치게' 되는데요. '친다'는 표현은 저희끼리 쓰는 말이고, '쓴다'고도 할 수 있겠네요. 실험을 하게 되면 데이터가 있어요. 감정서 밑에 로데이터(raw data)를 전부 첨부합니다. 로데이터는 가공하기 전의 원본 자료라고 보시면 되는데요, 결재자는 로데이터를 보고 이 사람이 정확하게 판단했는지를 다시 한번 확인합니다. 두 번의 결재를 거치며 감정 내용을 정확히 확인하고 실수가 없는지도 확인합니다.

*그럼 국과수 연구원은
보통 연구실에만 있나요?*

그건 과마다 다릅니다.
안전이나 교통 관련 부서는 사건 현장에 자주 나갑니다. 현장에 나가야지만 계측도 할 수 있고 분석도 할 수 있기 때문이죠. 화학과 같은 경우는 한 달에 한 번 정도 현장에 나갑니다. 저도 현장에 나갔고요. 화학과가 가장 많이 나가는 현장이 어디냐 하면, 산업 현장이에요. 불소 누출 사건 같은 유해 화학물질 관련 수사 건을 담당하기도 하고 산업 현장에서 일어난 사망 사고 현장에도 나가게 됩니다.

*그런 사건도
국과수에서 담당하는 줄은 몰랐어요.*

그럼요. 국과수에서는
보통 쉽게 떠올리는 강력 범죄 말고도 안전사고를 포함해 많은 사건들의 증거물을 감정합니다. 제가 일하는 부산·울산·경남 지역의 특성상 제조업 현장에 갈 때가 많아요. 아무래도

2015년 대전에서 이루어진 염소 가스 누출 모의 훈련.
안전사고는 언제나 일어날 수 있기 때문에 사전에 철저히 대비하는 게 중요하다.

산업 현장에 가면 위험한 것이 많습니다. 이런 환경에 가게 되면 많은 사람들이 위험을 감수하고 자신의 책임을 다하고 있다는 사실을 알게 되죠.

세상이 넓어지는
경험일 것 같아요.

맞아요. 게다가 국과수에서 일하면 검찰, 지방 자치 단체, 여성가족부, 법무부 등 다양한 분야의 사법·행정 관계자들과 협업하게 됩니다. 주요 의뢰 기관은 경찰인데요, 경찰은 사건·사고 현장에서 여러 증거물들을 수거하고 국과수의 감정인에게 사건 개요를 공유합니다. 이처럼 경찰과 국과수는 현장에서 같이 조사를 하기도 하며 분석을 하다가도 서로 연락하여 현장 상황과 사건 기록을 체크합니다.

그래서인지 일반인들은 국과수를 경찰이라고 생각하는 경우가 많지만 국과수는 행정안전부 소속의 기관으로, 국가 기관에서 의뢰하는 것을 감정합니다. 민사 소송을 위해

서나 개인이 궁금하다고 해서 의뢰를 받지 않는다는 뜻이기도 해요. 이 말을 하는 것은 의외로 개인이 필요한 감정을 의뢰하겠다고 하는 민원이 많이 들어오기 때문입니다. 그럴 때는 경찰서에 가서 신고부터 하고 경찰이 공문으로 의뢰해야 한다고 말하죠. 매스컴에서 나오는 KCSI(Korea Crime Scene Investigation)는 경찰에 속한 과학수사대로서 국과수와는 다릅니다. 그분들이 현장 보존과 증거물을 수집하여 보내면 저희가 감정하는 거예요.

국과수는 강원도 원주에 본원이 있고 5개(서울, 부산, 광주, 대전, 대구) 지역에 지방연구소, 그리고 제주출장소가 있습니다. 각 연구소가 담당하는 관할 구역이 있어서 부산연구소는 부산, 울산, 경남 지역의 사건·사고를 담당하게 됩니다.

저는 화학과장을 거쳐 앞서도 말했듯 지금은 부산과학연구소의 소장으로 일하고 있습니다. 저의 근무 연수는 28년 정도 되었는데, 그 기간 동안 계속 부산 지역에서만 일한 건 아닙니다. 2022년까지 약 7년간 본원 원주에서 근무했고 그 전에는 서울과학수사연구소에서도 2년 정도 근무했어요. 대전에서도 2년을 근무한 적 있죠.

지역 연구소마다 특성이 다른가요?

아무래도 그렇지요. 예를 들어 제가 지금 일하고 있는 부산 지역의 경우에는 바다와 접해 있고 큰 항구가 있기 때문에 선박 충돌이나 마약 관련 범죄들이 많아요. 인접한 울산 공단 등에서 안전사고도 자주 발생하고 있습니다. 저희 연구소에서 담당한 큰 사건으로는 김해 중국 민항기 추락 사건, 대구 지하철 화재 참사(당시에는 대구에 연구소가 없어 부산연구소가 대구·경북까지 관할했어요), 노무현 전 대통령 서거 사건 등이 있었습니다.

부산은 또 대도시이기도 한데요, 인구수가 많은 만큼 사건·사고의 양 자체가 많습니다. 성범죄도 많이 일어나고요. 그런데 지역보다는 오히려 시대의 흐름에 따라 감정 양상이 변한다고 하는 것이 맞습니다. 스마트폰 사용으로 영상, 음성 분석의 디지털 영역이 중요해지기도 했죠. 시대에 따라 범죄 수법이나 증거물의 종류가 다양해지기 때문에 새로운 감정 기법을 개발하는 것도 중요합니다. 가령 신종 마약 등 새로운 물질을 감정할 능력이 없으면 죄를 입증하기 어렵겠지요? 끊

부산항은 세계에서 여섯 번째로 큰 항구로
한국 해양 무역의 절반 이상이 이루어지는 곳이다.

임없는 연구가 필요합니다. 자동차 분야만 해도 이전에는 충격 해석이 주가 되었다면 이제는 자율 주행, 급발진 같은 감정으로 빠르게 변하고 있습니다.

지역 이야기로 돌아갈게요. 한 지역에서 너무 오래 근무하다 보면 유사한 감정만 할 수 있기 때문에 본인의 발전이라든지 다른 기계를 써 보는 경험을 쌓는다든지 하는 여러 이유에서 본원에서 근무해 보는 편이 좋습니다. 본원이 기기를 포함해 시스템이 더 잘 갖춰져 있거든요. 또한 디지털을 포함한 일부 감정 시설은 본원에만 있습니다. 게다가 본원이 연구나 교육 중심으로 이루어지다 보니 아무래도 감정 중심인 지방보다는 본원에서 본인이 하고 싶은 연구를 집중적으로 할 수 있습니다. 그리고 지역마다 연구소가 따로 있다고 해도 종종 협업할 일이 생기기 때문에 본원 사람들과의 업무 협의도 필요한데요, 그런 이유로 본원에 파견되어 근무를 해야 되는 경우도 있죠.

과학 수사에는
장비가 중요한 거 같네요.

인건비를 제외하면 국과수의 가장 큰 예산이 최신 장비 구입과 연구 및 개발을 위한 예산입니다. 과학자의 입장에서 좋은 장비는 전장에서의 총과 화살 같은 것입니다. 늘 욕심날 수밖에 없지요. 예를 들어 모발에 남겨진 극미량의 마약과 음주 대사체 등은 감도가 좋은 최신 장비로만 검출할 수 있어요. 좋은 장비가 없으면 피의자를 확인할 수도 없고 피해자를 억울하게 할 수도 있

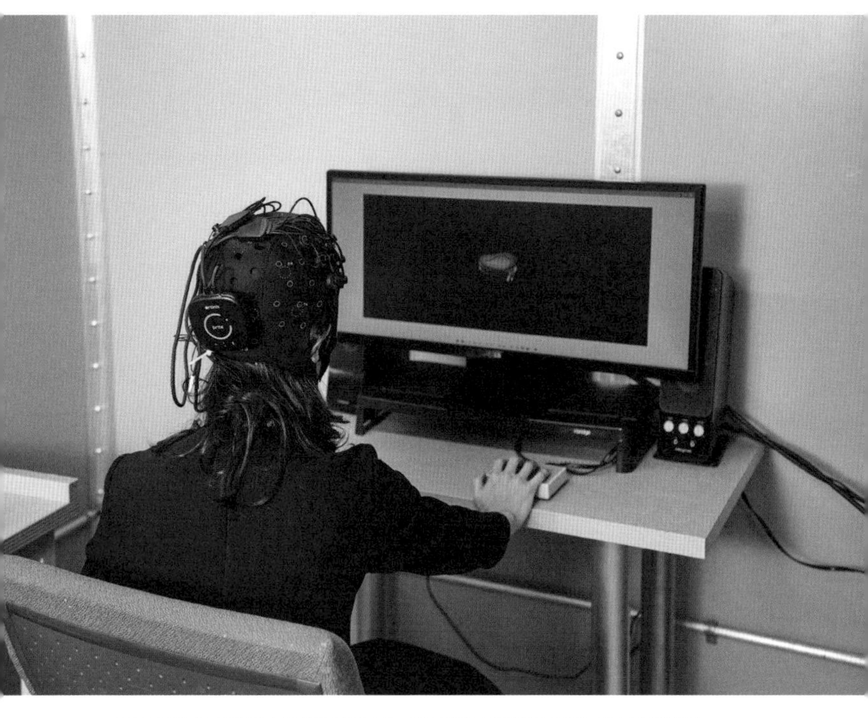

국과수에서 제작한 거짓말 탐지기는 93퍼센트 이상의 정확도를 자랑한다.

습니다. 장비를 사지 않고 제작하는 경우도 있는데요, 거짓말 탐지기 같은 경우가 그렇습니다. 국과수에서 자체 제작하여 특허를 받기도 했습니다. 거짓말하면 눈동자, 혈압, 맥박, 뇌파 등이 변하기 때문에 모든 생체 활동을 측정하는 거지요.

우리나라의 과학 수사 역량은 전 세계에서도 최고 수준입니다. 다른 이유도 있겠지만 우선 국과수에 첨단 기기가 많이 도입되어 있기 때문이기도 합니다.

우리나라의 과학 수사가 최고 수준인지는 몰랐어요. 근데 그 다른 이유는 뭔가요?

미국 같은 경우는 개인의 총기 구매가 가능하기 때문에 총기에 의한 사건이 많습니다. 살인 사건의 70퍼센트 이상이 총기에 의해 발생한다고 하니 말 다했죠. 국제 학회를 가면 미국을 비롯한 여러 국가들의 과학 수사 관련 연구는 대부분 총기 발사 잔여물 분석을 중심으로 해요. 그런데 우리나라에서는 총이 불법이기 때문에 그 분석을 거의 군대에서밖에 안 합니다.

우리나라에서는 다른 사람을 죽이거나 본인이 죽기 위해 다양한 방법이 너무나 많이 동원됩니다. 그래서 사례 연구가 훨씬 더 많이 이루어지는 편입니다. 이게 사실 자랑거리는 아니지만, 특별한 사례가 있을 때 해외 연구자나 실무자들이 우리나라에 물어보는 경우도 많습니다.

다양한 사례에 대한 연구가 많이 이루어진다는 점을 제외해도 우리나라의 과학 수사 기술 역량은 세계 최고라 할 수 있습니다. 그 때문에 많은 나라에서 우리나라의 기술을 배우고자 찾아옵니다. 예를 들어 몇 년 전에는 스리랑카 법무부 차관이 국과수에 방문한 적이 있어요. 저희 부산 연구소도 견학하고 갔지요. 국과수에서는 개발 도상국 협력을 지원하는 KOICA(한국국제협력단) 사업을 통해 스리랑카나 몽골 같은 국가에 과학 수사 방법을 전수하고 있습니다.

아시아 여러 국가의 과학 수사 전문가들이 모인 아시아법과학회도 소개하고 싶어요. 거기에서는 우리나라가 선두에서서 학회를 이끌어 나가고 있다고 할 수 있습니다. 다만 국제 학회에 가서 보면 싱가포르 연구자들이 회장, 부회장을 맡는 경우가 많아요. 이러한 현상에는 언어의 영향이 큽니다.

우리나라는 싱가포르하고 비교가 안 될 정도로 많은 사례를 가지고 있는데도 영어를 공용어로 하는 싱가포르에서 중책을 맡는 거죠. 국과수에 오고 싶어 하는 학생들이 영어에도 신경을 쓰면 더 미래가 밝으리라는 생각이 들어요. 그건 어느 진로에서나 마찬가지겠죠.

조선 시대에도 있었던 과학 수사

영국 북부에 위치한 스코틀랜드에 여행을 갔을 때의 일입니다. 도시 곳곳을 둘러보는 프로그램에 참여했는데, 가이드가 어떤 연못 앞에 서서 이런 이야기를 들려주었어요. 스코틀랜드는 16세기 말에서 17세기 중반에 이르는 긴 시기 동안 마녀사냥이 유독 기승을 부린 곳이었습니다. 당시 '마녀' 여부를 판단하는 방법은 비과학적이기 그지없었어요. 마녀로 의심되는 사람을 연못에 던집니다. 그리고 그 사람이 수면 위에 떠오르면 마녀라고 판결했어요. 살아 있는 사람은 부력 때문에 누구나 물 위로 떠오르게 됩니다. 아마도 마녀 여부를 판결하는 사람도 물에 빠뜨리면 수면에 떠올랐겠지요. 하지만 살아 있는 인간이기 때문에 수면에 떠오르는 것조차도 마녀의 증거라고 판단해 그 사람을 화형에 처했습니다. 어찌 보면 과학을 비과학적인 논리에 악용한 사례라고도 할 수 있습니다.

과학 수사가 필요한 첫 번째 이유는 엄중한 진실을 밝혀내기 위해서인데요. 실제와 다른 결과를 정해 놓고 이루어지는 가혹한 수사를 피하기 위해서이기도 합니다. 이는 사건 수사 과정에 있어 피해자만 아니라 피의자의 인권을 보호하는 데도 목적이 있습니다. 우리나라의 현대사 중에서 민주화 항쟁 중 가혹한 고

문으로 인해 억울하게 세상을 떠난 박종철 열사를 떠올려 볼까요? 어떻게든 원하는 답변을 끌어내기 위해 가혹하게 심문했던 겁니다. 이후 수많은 사람들이 제도를 바꾸려 노력했지요. 정세랑 장편소설 『피프티 피플』(창비 2016)에는 이런 말이 있습니다. "너 그거 알아? 세상에 존재하는 거의 모든 안전법들은 유가족들이 만든 거야." 안전법뿐 아니라 헌법적 가치를 수호하기 위해 인권을 보호하는 일련의 과정 역시 그렇습니다. 처음부터 완전한 제도가 있는 것이 아니라는 얘기죠. 수없는 시행착오, 억울한 죽음, 진상 규명을 위한 노력이 지금의 우리 사회를, 믿을 수 있는 과학 수사의 기틀을 만들었다고 할 수도 있겠습니다. 기술의 발달뿐 아니라 믿을 수 있는 사회를 만들어 가려는 각계각층의 노력 역시 중요하다는 뜻입니다.

국과수의 연구원들이 노력하는 분야 중에는 범죄 예방도 있습니다. 이미 일어난 범죄, 혹은 사건·사고의 진상을 파헤치는 노력만큼이나 일어날 범죄를 사전에 막는 노력 역시 필요한데요. 스티븐 스필버그 감독의 「마이너리티 리포트」(2002)라는 SF 영화에서는 범죄를 미리 예측하는 일종의 예언 시스템인 '프리크라임'이 등장합니다. 일어날 범죄를 미리 보고 예언한다면, 아무도 죽거나 다치지 않을 수 있으니 얼마나 안전할까요. 솔깃하게 들리나요? 하지만 이 영화 속의 범죄 예방에는 한 가지 문제가 있습니다. '예언'을 통하기 때문에 아직 발생하지 않은 범죄를 응징하게 되거든요. SF 영화의 이러한 상상과 달리, 현실에서 국과수 연구원들이 범죄 혹은 사건·사고 예방을 위해 하는 일은 다른 업무와 마찬가지로 과학에 근거합니다. 대표적으로는 음주 여부를 적발할 수 있는 다양한 기법을 발전시키는 일이 여기에 포함되겠지요.

이러한 과학 수사의 기본은 서양뿐 아니라 동양에서도 이어져 왔는데요. 세종 17년인 1435년, 조선의 조정에서는 『무원록』이라는 중국의 법의학서를 수사 지침서로 삼게 됩니다. 문제는 이 책이 읽기에 어려울 뿐 아니라 조선이 아닌 중국의 제도에 바탕을 두었다는 점이었는데요. 세종은 『무원록』을 조선의 사정에 맞게 새롭게 간행하고 주석을 다는 작업을 명했습니다. 그렇게 탄생한 책이 바로 『신주무원록』입니다. 이후 18세기 『증수무원록』이 나오기 전까지 『신주무원록』은 300여 년간 조선의 과학 수사에 큰 역할을 했다고 합니다.

사회 환경이 지금과 다른 만큼 『신주무원록』이 다루는 사건의 성격이나 검시 방법에도 차이가 있었는데요. 『신주무원록』에 따르면 호랑이에 물려 죽은 경우나 우마에 밟혀 죽은 경우 등은 현대 사회에서는 흔히 보기 어렵지만 조선 시대에는 흔히 볼 수 있는 사건으로 보입니다. 조선 시대에는 소와 말이 끄는 수레를 주로 타고 다녔는데요. 지나가던 행인들이 여기에 치여 사망하는 사고가 자주 있었다고 합니다. 조선 시대식 교통사고였던 셈입니다. 말이나 소에 밟혀 죽은 경우, 나귀에 차인 경우, 호랑이에 물린 경우는 모두 상처를 판단하는 기준이 제각각 있었다고 해요.

2. 어떤 능력이 필요한가요?

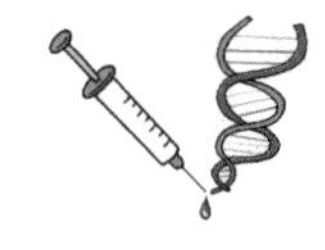

국과수에서 일하기 위해 어떤 능력이 필요한지 묻는다면 우선 어떤 일이든 흥미를 느껴야 시작할 수 있고 잘할 수 있다고 말하고 싶습니다. 범죄 수사와 관련된 드라마나 소설을 좋아한다면, 관심과 흥미라는 첫 번째 단추는 꿴 셈이거든요. 그러고는 공부를 열심히 해야 하겠죠? 좀 더 구체적으로 들어가면 대학교에서 어떤 전공을 택하느냐도 중요합니다. 법화학 분야에서 일하려면 화학이나 화학공학을 전공해야 하고, 화재 사고 원인을 규명하려면 물리, 전기공학 등의 지식이 필요합니다. 유전자 분야는 생물학, 생물공학, 수의학 등을 전공하면 좋습니다. 법의학 분야에서 일하려면 의학, 임상

병리, 영상의학, 간호학을 전공해야 하고요. 약독물, 마약 분야는 약학 전공자여야 합니다. 안전사고, 교통사고 분야에서는 물리, 기계공학, 전기공학, 전자공학을 전공한 사람들이 일하고 있습니다. 영상 분석 분야에서는 컴퓨터공학, 전자공학 등이 선호됩니다.

확실히 이과 분야가 많네요.

그렇죠. 문과 전공자가 유일하게 지원할 수 있는 분야는 범죄 심리 분야입니다. 그렇다고 해서 국과수에서 문과 영역 지식이 쓸모없는 건 아니에요. 연구원들에게 언어 능력은 필수입니다. 과학 하는 사람들이 언어적으로 약한 경우가 있는데요. 연구원들이 쓰는 감정서도 기승전결이 있어야 하는데 그런 기승전결을 도출하는 과정을 어려워하는 사람들이 있어요. 실험 연구는 잘하지만 결과를 논문으로 완성하지 못하는 사람들도 있죠.

더 쉬운 예로 감정서에 오타가 있으면 안 되겠지요? 감정서가 법원에 가면 오타 하나로 결론이 달라지기도 해요. 철자

법도 똑바로 못 쓰면서 감정을 제대로 할 수 있느냐는 트집이 잡힐 수도 있고요. 그래서 될 수 있으면 정말 실수가 없도록, 몇 번의 결재 과정을 거쳐 기안을 해서 해당 경찰서로 보냅니다. 다 자기의 장점만 가지고 일하면 좋겠지만 그렇지 못하기 때문에 더 노력해야 해요. 저도 아주 오래전에 국립국어원에서 국어 교육을 받은 것이 기억납니다.

누군가의 삶이 걸린 문제이기에 과학 수사는 모든 과정에서 정확하고 꼼꼼한 일처리가 굉장히 중요할 수밖에 없죠. 특히 제가 일한 화학 관련 분야는 시료를 잘 분석해야 하고 미세 증거물과 유해 물질 등을 다루기 때문에 꼼꼼하고 끈기 있는 사람들에게 맞아요. 여성, 남성을 가리지 않고 담력이 세고 용기 있으면서도 꼼꼼한 사람들이라면 도전해 볼 만한 일이라는 생각이 듭니다. 시간이 갈수록 여성 감정인이 증가하는 모습도 볼 수 있습니다. 부검을 맡는 법의관의 경우도 여성 법의관이 많아지는 추세입니다. 그러니 누구든 선입견을 품지 말고 도전하길 바라요.

국과수에서 일하게 되면 공무원이라는 것도 장점으로 느낄 수 있겠습니다만, 무엇보다 전공을 살려 사회에 기여할 수

교통과 연구원이 차량을 살펴보고 있는 모습.

있다는 것이 큰 장점입니다. 힘든 일이지만 보람이 큽니다.

또 다른 어떤 능력이 필요할까요?

소통하는 능력이죠. 과학 수사는 본인이 감정을 맡지만 거의 모든 감정이 타과와 긴밀히 연관되어 있습니다. 가령 부검도 팀을 이루어 진행됩니다. 사체를 옮기는 일부터 사진 촬영, CT 촬영, 기록자 등 보통은 의사를 포함해 3~4명이 한 팀을 이룹니다. 만약에 뺑소니 교통사고가 났는데 피해자가 죽었다면, 상처 부위의 높이를 바탕으로 사망자 신체의 어느 부분에 충격이 가해졌는지 알아내 가해 차량이 승용차인지 트럭인지 여부를 알 수 있습니다. 부검에서 얻어지는 혈액이나 소변 시료로 타과와 연계해 독물, 약물, 음주 여부, 유해 물질 등을 분석해야 하고요. 그다음에 유전자 감정도 있어야 하죠. 결국 모든 과가 같이 협업을 해야 사건 하나를 해결을 할 수 있어요. 그래서 협업이 굉장히 중요합니다.

정확하게 실험 결과 등을 분석하는 능력만큼이나 커뮤니케이션 능력도 중요해요. 특히 감정인으로서 법정에서 증인으로 설 때가 종종 있습니다. 그럴 때는 본인이 행했던 감정에 대해 비전문가를 상대로도 설명할 수 있어야 합니다. 무엇보다도 국과수 내의 여러 분야의 각 전문가와도 공동 감정이 필요하기 때문에 의사소통은 정말 중요합니다. 의사소통 능력은 비단 과학 수사를 직업으로 삼지 않아도, 어떤 일을 하든지 중요하지요. 오랫동안 일 잘하는 사람들이 가지고 있는 제일 중요한 기술 중 하나가 다른 사람들과 소통하는 능력입니다.

국과수에 들어가려면 '육각형' 인재가 되어야 하겠네요.

아까도 말했지만 일단 관심을 갖는 것부터가 시작일 거예요. 'CSI' 시리즈(2000~)나 「싸인」(2011) 같은 드라마가 나올 당시 꽤 흥미롭다고 생각했어요. 일반인들에게도 국과수가 어떤 곳인지 알릴 수 있는 기회가 되겠구나 하는 생각도 했고요. 미국 드라마 시리즈 'CSI' 같은 경우는 제가 보기에도 전문가의 자문 수준이 굉장히 높다는 생각이 들 정도로 충분히 과학적으로 접근했다는 생각이 들었어요. 물론 드라마 속의 연구 시설과 장비는 현실과는 차이가 있지만요. 드라마 같은 매체는 국과수에 대한 관심을 키울 수 있는 첫 번째 단추가 되리라고 생각합니다. 그렇게 조금씩 관심 범위를 넓혀 가며 진학하고 취업하는 거죠.

어떤 분이 그렇게 이야기를 하더라고요. 잘하는 것을 직업으로 했을 때 가장 행복하다고요. 좋아하는 일을 하는 것도 좋지만 잘하는 일을 할 수도 있습니다. 여러분은 지금 학생이니까 시간 날 때 자기가 잘할 수 있는 것이 무엇인지 진지하게 고민했으면 좋겠습니다. 어려울 것 없어요. 노트에 생각날 때마다 좋아하는 것도 다섯 가지 정도 써 보고, 잘할 수 있는 것도 다섯 가지 정도 써 보는 거죠. 그렇게 진로를 탐색해 보면 어떨까 하는 생각을 해요.

선생님께서는 어떻게 진로를 결정하게 되셨나요?

저는 고등학생 때 과학을 좋아했어요. 그런데 외우는 게 항상 어려웠습니다. 그래서 과학 중에서도 생물처럼 외울 게 많은 전공은 생각하지 않았죠. 문학 과목에서도 외국 작가나 인물 이름 외우는 게 굉장히 어렵더라고요. 그나마 제가 잘할 수 있는 게 물리학, 화학, 지구과학이었습니다. 그중에서 화학이 제일 어려웠지만, 주기율표를 조금씩 외우고 화학의 원리를 이해하니까 자신감이 붙더라고요. 그때부터 굉장히 쉬워졌어요. 자신감이 생기니까 화학이 좋아졌고요.

화학의 매력은 눈에 보이지 않는 학문이라는 데 있어요. 예를 들어 물은 눈에 보이지만, 물을 이루는 수소 원자 두 개와 산소 원자 하나는 눈에 보이지는 않거든요. 인체 역시도 탄소, 수소, 산소 등으로 이루어져 있습니다. 눈으로는 보이지 않지만 모든 생명체와 모든 물건의 근원이 되는 게 원자예요. 그런 원자를 다루는 게 화학입니다. 저는 그런 면에 매력을 느꼈어요.

제가 화학과를 졸업할 때 '화학과에 다녀서 다행이다.' 하는 생각이 들었던 이유는 진로가 굉장히 다양했기 때문입니다. 같은 과 친한 친구는 대기업에 입사해서 배터리 만드는 일을 했어요. 화장품이나 샴푸처럼 생활용품을 만드는 기업체에 취직하는 친구들도 있었죠. 환경 관련한 업무를 보는 친구들도 많았습니다. 최근에는 환경 관련된 문제들이 많잖아요. 주목받고 있는 환경공학에서도 가장 기본은 화학이거든요. 예를 들어 미세 플라스틱을 찾는 것은 기계 분석으로 찾지만, 그 플라스틱이 어떤 성분으로 이루어져 있는지를 해석할 때는 화학자가 필요합니다. 환경 분야에서도 화학의 기본 지식이 꼭 필요하죠.

그럼 대학에서 과학 수사를 배울 수는 없나요?

미국, 호주 등 일부 나라에서는 학부로 법과학을 전공하는 대학이 있으나 우리나라에서는 법과학만 배우는 학부 과정이 없는 것으로 압니다. 법과학을 두루 넓게 배우는 것보다는 대학의 각 전공에서 충분히 깊게 배우고 연구 역량도 키워 전문가가 되는 것이 본인 분야에서 더 발전할 수 있다고 생각합니다.

대학에서 전공 이론을 배우면서도 지금 배우는 지식이 어디에 사용될 수 있는지를 알아보는 노력이 중요합니다. 알면 공부하는 데 더 흥미가 있어지고 열심히 하게 되니까요. 제가 국과수에 들어와 법화학 분석을 하면서 대학에서 배운 화학 이론 중에 필요하지 않은 것이 거의 없었습니다. 어디나 기초

순천향대학교 법과학대학원 증거물 분석실 실습 현장.

가 중요한 것이지요.

대학 특강 등을 통해 저도 학생들을 만날 일이 더러 있는데요. 학생들에게 본인들이 배운 지식을 바탕으로 사건을 해결해 나가는 과정을 설명해 주면 정말 신기해하고 공부에 흥미를 느끼는 것 같았습니다. 화학, 물리, 생물 같은 순수 학문을 사회적으로 가장 쉽게 응용할 수 있는 분야가 과학 수사가 아닐까 합니다. 현실에서 학문을 가장 가깝게 느낄 수 있다는 점이 법과학의 매력이에요.

국과수에는 어떻게 들어가나요?
구체적인 이야기가 궁금해요.

자리가 빌 때마다 경력직 특별 채용을 통해 연구원을 뽑습니다. 사실 제가 입사할 때는 화학 전공 시험하고 영어 시험을 봤어요. 저는 그렇게 들어갔는데 3~4년 정도만 시험을 거쳐 채용했다고 합니다. 옛날이야기죠.

이 방식을 바꾸게 된 이유가 있어요. 그렇게 뽑다 보니까

시험 잘 보는 사람만 들어오는 거예요. 저희가 하는 일은 성적이 좋다고 더 잘하는 일이 아니거든요. 지금은 필기시험을 보지 않고 서류와 면접만으로 채용합니다. 다만 중요한 점은 감정을 하는 연구직들은 대부분 대학원 이상 공부를 해야 자격이 주어진다는 점입니다.

사람을 뽑을 때 어떤 면을 많이 보시나요?

판단력과 정확성을 겸비한 인재를 선호합니다. 아무래도 사건·사고의 결과를 내고 그 결과가 개인과 사회에 큰 영향을 미치기에 정확한 판단력이 무엇보다 우선됩니다. 본인의 판단력이 바르지 않다면 그 뒤에 오는 파장이 크기 때문에 중요한 부분이에요. 그래서 정확성을 가장 먼저 보고요, 진실성이 있는지도 중요합니다. 그 다음 배려와 열정입니다.

옛날에는 국과수 면접이 좀 쉬웠다고들 하는데 지금은 압박 면접을 합니다. 압박 상황에서 어떤 판단을 내릴 수 있는지, 그런 상황에서 얼마나 극복하고 배웠는지를 많이 물어보죠. 그 과정에서 태도를 보는 거예요. 그 사람이 얼마나 진솔한 이야기를 하는지도 중요하게 봅니다. 알고 있는 지식만 이야기하는 게 아니라 그간 쌓은 경험이 얼마나 진솔된 것인지를 볼 수 있는 면접을 하기 위해 노력하고 있어요.

또 자기 전문 지식만 고집하다 보면 편협한 시각에 갇힐 수 있어요. 다른 학문, 다른 사람들의 의견이나 자료를 수용할 수 있는지가 중요합니다. 노력을 통해 남을 배려할 수 있는 태도를 갖춰야겠지요. 그래야지만 자기 분야만이 아니라 전체적으로 고려할 사항들을 두루 살필 수 있습니다. 국과수에는 이런 태도들을 면접 과정에서 확인할 수 있도록 신경 쓰고 있어요.

그다음으로 보는 것이 열정입니다. 너무 어렵다고 생각하지 않으셔도 돼요. 좋아하는 마음이 있으면 열정은 따라 오기 마련이니까요.

국과수 연구실 내부에 보관되어 있는 가운.

그 외에 필요한 능력들은 무엇이 있을까요?

실험실에는 인체에 유해한 물질들도 많습니다. 그러니 자신을 지키기 위해서 항상 주의를 기울여야 사고가 나지 않습니다. 또한 오랜 시간을 필요로 하는 실험이 많습니다. 국과수에서 하는 일 중에서 한 번에 해결되는 일은 없기에 끊임없이 생각하면서 문제를 해결하려고 노력하는 자세가 꼭 필요합니다. 실험실 온도나 생체 시료의 부패, 분석 기기의 상태에 따라 결과가 다르게 나올 수 있으니 주의력과 끈기 모두 중요해요.

시간 관리도 정말 중요합니다. 드라마에 나오는 실험실을

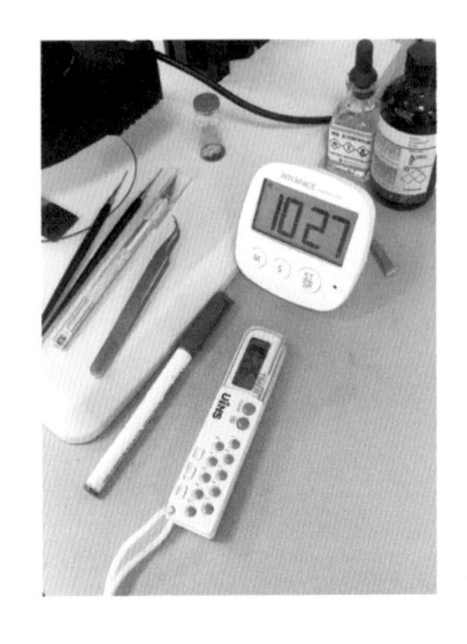

권미아 선생님의 타이머.

보면 일하는 사람들이 실험복 가운에 펜을 꽂고 다니기도 하지요. 실제 국과수 사람들은 타이머를 꽂고 다녀요. 5분, 10분 단위로 시간을 쪼개 틈틈이 감정서 쓰다가, 신호음이 삐삐 하고 울리면 또 얼른 실험 상황을 확인하고 오고 그러거든요. 그래서 타이머를 계속 꽂고 있어요. 어떤 사람은 몇 개씩 꽂고 다닙니다. 요리사들도 타이머를 많이 쓰잖아요? 화학자들도 그렇습니다.

그리고 하루 일과를 짜는 것도 스스로 해야 하는 일인데요. 실험은 언제, 회의는 언제, 이런 일정을 세우면서 협업 일정과 스스로 할 일을 두루 빼놓지 않고 할 줄 알아야 해요. 그러니 관리는 중요할 수밖에 없어요. 이런 모든 것을 하려면 무엇보다 체력도 중요합니다.

국과수 연구원들이 존경스럽네요.

확실히 실수가 용납되지 않는 직업입니다. 감정인 스스로가 확신이 서지 않을 경우는 결론을 내릴 수가 없습니다. 범죄자를 검거하게 만드는 것도 중요하지만 무고한 사람이 누명을 쓰지 않도록 하는 것도 무척 중요하기에 섣부른 판단은 하지 않아야 합니다.

동시에 진실성도 다시 한번 강조하지 않을 수 없어요. 내가 내린 판단이 어떤 개인의 삶이나 사회에 큰 파장을 일으킬 수가 있으니까요. 전국으로 따지면 거의 몇백 건의 혈중 알코올 농도 검사가 매일같이 들어옵니다. 단순한 검사라고 생각하지만 그게 어떤 개인에게는 생계와 관련된 일일 수 있거든요. 운전을 직업으로 하시는 분들도 계시니까요. 그래서 내가 내리는 결과가 항상 진실되어야 한다, 그러기 위해서는 가장 첫 번째가 정확해야 한다는 겁니다. 직원들한테 무엇보다 강조하는 바는, 정확하다는 확신이 들지 않으면 섣불리 판단하고 감정서를 쓰지 말라는 거예요. 확신이 서지 않을 때는 몇 번이고 다시 실험하고 또 실험해야 합니다. 그래야 항상 가장 진실된 결과를 낼 수가 있습니다.

책임감이 강한 당신을 위한 일터

어떤 사람이 국과수의 연구원으로 일하기에 적합할까요? 앞선 권미아 선생님의 설명을 떠올리면서, '과학' 수사를 담당하는 곳이니만큼 '증거가 말하게 한다.'는 원칙하에서 일하는 곳이라는 점을 생각해 볼까요?

과거로 돌아가 봅시다. 과학 수사가 발전하기 전에는 사건을 둘러싼 상황을 두고 가장 범인일 가능성이 높은 사람을 심증으로 탐문하는 일이 많았다고 해요. 심증이라는 말은 '마음에 받는 인상'이라는 뜻으로 쓰이는 단어인데요. 가해자와 피해자가 아는 사이이고 사회적으로 연결되어 있는 사람일 때는 탐문 수사만으로도 진상에 가깝게 다가가는 일이 가능했겠지요. 하지만 도시가 커지고, 서로 모르는 사이인 사람들 사이에서 범죄가 발생하는 빈도가 높아지기 시작했어요. 이렇게 되면서 증거들을 분석하는 게 중요해졌지요. 사건과 무관해 보일수도 있지만 사실은 깊게 관계된 사람들을 수사하고 진실을 밝히기 위해서는 편견을 버리고 증거가 하는 말에 귀 기울여야 합니다.

어떠하리라는 추측을 통해 진실에 다가가는 방식이 아니라, 증거를 통해 숨어 있던 진범까지도 찾아낼 수 있는 과학 수사! 과학적 진실을 추구한다는 이과 전공의 특성이 두드러지는 셈입니다. 왜 이렇게까지 '증거' 우선의 원칙이 중요할까요?

국과수에서 진행하는 감정 및 연구의 결과는 관련된 사람의 삶을 바꾸곤 합니다. 일하는 사람의 어깨에 그만큼 묵직한 책임감이 필요하다는 뜻이기도 해요. 그래서 하나의 사건에 하나의 분야, 한 사람의 연구원이 모든 책임을 지는 식으로 일하지 않아요. 사안에 따라 법의학부, 법과학부, 법공학부에서 각자 필요한 전문가들이 하나의 사건을 다각도로 분석하게 됩니다. 여러 갈래의 전문가들이 하나의 진실을 밝혀내기 위해 협업하는 곳이 바로 국과수인 셈입니다.

다시 최초의 질문으로 돌아가 볼까요? 어떤 사람이 국과수의 연구원으로 일하기에 적합할까요? 우선 과학적 지식을 갖추고 전문적인 감정 및 연구를 수행하고 그 결과에 대해 책임질 수 있는 사람이 필요합니다. 그리고 실제 업무에서는 전공 지식만큼이나 마음가짐이 중요하지요. 국과수에는 '감정 헌장'이라는 것이 있는데요. 이를 살펴보면 연구원으로 일하기 위한 사명이 무엇인지 알 수 있습니다. "우리는 양심에 따라 감정에 임하며, 과학적 진실만을 추구하겠습니다." "우리는 과학 수사 감정의 전문가로서 자긍심을 가지며, 최고의 감정 역량 발전을 위해 노력하겠습니다." "우리는 동료 감정인을 존중하고 서로 협력하며, 투명하고 정확한 감정 서비스를 제공하겠습니다." "우리는 안전 사회 실현을 위한 국민의 봉사자로서 의무를 다하겠습니다." 그만큼 어렵기도 하겠지만 경력이 쌓여 갈수록 열정과 보람을 느끼게 되는 일터인 셈입니다.

3. 국과수의

사건들

과학 수사의 눈부신 발전

영화 「기생충」(2019)으로 아카데미상 4개 부문을 수상한 봉준호 감독의 전작 중에 「살인의 추억」(2003)이라는 영화가 있어요. 이 영화는 과학 수사가 지금처럼 발전하기 전 한국의 상황을 잘 보여 줍니다. 논두렁에서 사건이 벌어졌는데 형사들이 사건 현장을 보존하지 않아요. 동네 사람들이 모두 구경을 나와 여기저기 발자국이 찍힙니다. 수사가 필요한 사건이 발생했을 때 우선 노란 테이프를 둘러 현장을 보존하고, 과학 수사 요원들이 그 안을 샅샅이 살펴 필요한 증거를 채집하는 오늘날과는 무척 다른 풍경입니다. 「살인의 추억」은 1980년대의 한국을 담고 있는데요. 불과 50년 전만 해도 과학 수사에 대한 인식이 지금과 크게 달랐음을 알 수 있습니다. 그렇다면 과학 수사라는 말이 태어나기도 전의 상황은 어땠을까요? 누가 이러한 과학적 수사 방식을 생각해 냈을까요?

'법과학의 창시자'로 불리는 인물은 바로 프랑스의 범죄학자였던 에드몽 로카르(1877~1966)입니다. '프랑스의 셜록 홈스'라고도 불렸다고 하니, 얼마나 놀랍고 전설적인 업적을 세운 인물인지 짐작이 가능할 거예요. 에드몽 로카르는 당대 사람들과 정반대의 생각을 지니고 있었어요. 모두가 눈에 보이는 증거에 주목할 때, 그는 크기가 작아 눈에 잘 보이지도 않는 증거물이 결정적이라고 믿고 있었거든요. 에드몽 로카르가 남긴 "모든 접촉은 흔적을 남긴다."라는 말은 지금까지도 널리 쓰이고 있어요. 현장에 무심코 떨어뜨린 머리카락 한 올, 말하다가 튄 침 한 방울, 물건을 집다가 손에서 떨어진 피부 각질 한 조각이 사건의 진상을 말해 주는 결정적 증거가 될 수 있지요.

하지만 증거를 수집한다고 사건이 곧바로 해결되지는 않습니다. 증거를 분석할 수 있는 기술 또한 고도로 발달해야 하거든요. 그리고 분석한 증거를 대조할 수 있는 데이터베이스 역시 필요합니다. 우리나라에서는 DNA 데이터베이스를 수사에 활용하고 있는데요. 지난 2023년에는 이 데이터베이스를 활용해 23년 전에 일어난 성범죄의 범인을 검거하는 데 성공하기도 했습니다. 이런 결과는 지난 2010년부터 시행된 'DNA 이용 및 보호법' 덕분이었는데요. 이후 검찰과 국과수가 살인과 강간 등 중범죄의 DNA를 모은 데이터베이스를 수사에 적절히 활용할 수 있게 되었습니다.

우리나라의 과학 수사는 이미 세계적인 수준입니다. 연간 평균 70만 건 규모의 감정물을 처리하는 데 그치지 않고, 다양한 기술을 개발하는 노력도 게을리하지 않고 있기 때문입니다. 국과수에서는 2023년 세계 최초로 AI 딥러닝 기술을 활용해서 보이스피싱 음성 분석 모델을 개발해 과학 수사 역량을 높이기도 했습니다.

그동안 구체적으로 어떤 사건을 맡으셨는지 궁금해요.

제가 맡은 첫 번째 사건은 가짜 휘발유 사건이었어요. 의외인가요? 지금도 드물게 있지만 예전에는 가짜 휘발유를 만들어 파는 일이 많았어요. 경찰 수사는 당시 부산 지역의 주유소를 전부 다 돌면서 휘발유를 구하는 걸로 시작했죠. 경찰이 가짜 휘발유 50통 정도를 가지고 왔더라고요. 그걸 당시 석유 품질 검사소까지 차에 싣고 가서 협업을 통해 해결했던 기억이 납니다.

가짜 휘발유 사건이라니 신기하네요.

화학이라고 해도 여러 분야가 많아요. 그래서 화학과 연구원들은 여러 분야 중 자기 전문 분야를 갖는 게 중요합니다. 제가 화학과의 과장을 맡았을 당시 저희 화학과 직원들한테 '1인 1전문화를 하라.'고 강조했어요. 국과수에서는 누구나 자기 전문 분야를 정해 장기간에 걸쳐, 깊게 파고들며 연구를 진행해 나갑니다.

예를 들어, 어떤 연구원의 전문 분야는 일산화 탄소입니다. '연탄 가스'라고도 하는 일산화 탄소에 중독되면 사망에 이를 수도 있는데요. 전문가들은 일산화 탄소가 어떻게 사람에게 독성을 일으키는지, 공기 중 몇 퍼센트가 되면 죽을 수 있는지를 연구하는 겁니다. 일산화 탄소는 담배를 피우는 사람들한테도 검출되기 때문에 흡연하는 일반인들한테는 수치가 어떻게 나오는지, 또 사체가 부패하면서 일산화 탄소 농도가 어떻게 변하는지를 다 알아야 해요. 일산화 탄소만 하더라도 알아야 할 사항이 너무 많기 때문에 분업을 하고 전문화를 하라고 하는 거죠.

법의학 분야로 가면 부검을 주로 하니 전문 분야가 따로 필요한가 싶을 수도 있는데 사실은 법의학자마다 본인이 연구하는 전문 분야가 있습니다. 어떤 법의관은 아동 학대가 전문이며, 영아 사망이 전문인 사람, 익사가 전문인 사람도 있습니다. 법곤충학 안에서 파리만 연구하는 분도 있고요. 시체가 부패하는 과정에서 시기별로 관찰되는 곤충의 양상이 다르기 때문에 잘하면 사망 시점을 알 수 있거든요.

그렇다면 선생님의 전문 분야는 뭔가요?

저는 음주 전문가입니다. 그래서 성범죄 수사에도 많이 참여했어요. 살인이나 폭력도 그렇지만, 성범죄도 거의 80퍼센트 이상이 술과 연관돼 있어요. 가해자는 합의에 의한 성관계였다고 주장하지만 피해자는 술에 취해 의식이 없는 상태에서 벌어진 폭행이었다고 말해 진술이 엇갈리는 경우가 있다고 해 봅시다. 밤에 술을 먹고 사건이 일어나도 그다음 날 신고를 하게 되면 피해자한테서 알코올이 하나도 안 나와요. 피해자가 술에 취했다는 항거 불능 상태를 입증할 수 없어지는 거죠. 이처럼 혈중 알코올은 6~8시간 되면 다 없어져 버려요. 도로 위에서 음주 측정을 하다 보면 이를 악용해 차를 버리고 도망가는 사람들이 있었어요. 그다음 날 경찰서에 나오면 무죄가 될 수 있다고 믿은 거죠.

그런데 시간이 지나 알코올은 다 분해되어도 그 과정에서 음주 대사체라는 것이 만들어집니다. 제가 2017년에 병원에서 50명의 사람들에게 술을 먹인 뒤 이틀 동안 혈액과 소변을 채취하여 시간대별로 혈중 알코올 농도가 어떻게 감소하는지를 검사한 적이 있어요. 3천 개가 넘는 시료를 통해 음주 대사체의 변화를 분석했습니다. 결과적으로는 소변에서 약 3일간 음주 대사체가 남아 있다는 것을 알아내고 검사일로부터 3일까지는 음주 여부를 확인할 수 있게 되었습니다. 이를 토대로 새로운 감정 기법을 개발해 2020년 국과수가 여러 행정기관 중에서 최우수상을 받았고, 저는 대통령상을 수상했지요.

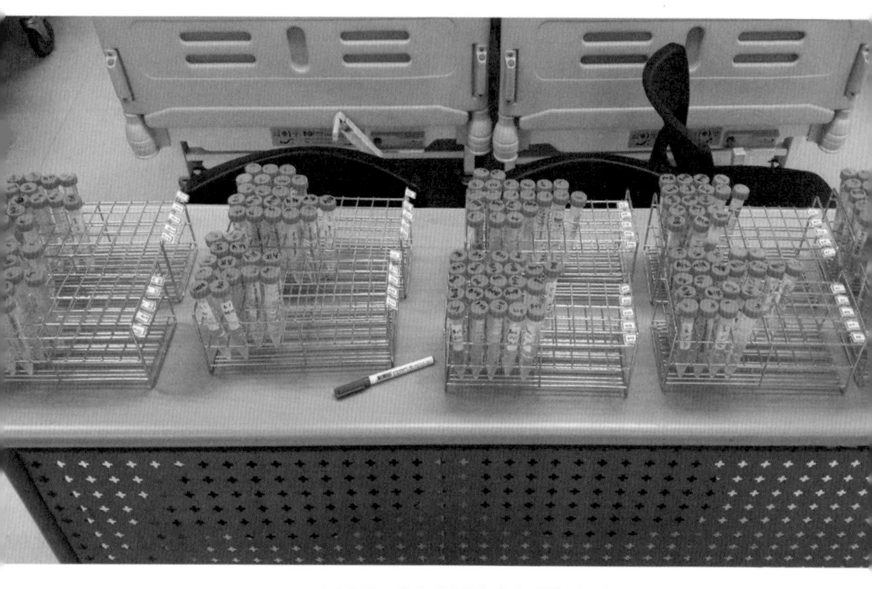

2017년 음주 대사체 실험에서 사용한 시료.

대단하네요! 과학 수사도 신기술이 끊임없이 나오는 분야인 것 같아요.

맞아요. 언제나 지능적으로 법망을 빠져나가려고 하는 사람은 존재하기 때문에 이를 막는 일이 중요합니다. 예를 들어 음주 운전자들 중에는 구강 청결제를 차에 싣고 다니면서 단속할 때 입을 헹구는 사람들도 있어요. 에탄올이 들어 있는 구강 청결제로 입을 헹궜기 때문에 알코올 수치가 높게 나왔다고 주장하려는 거죠. 그런 상황에서 음주 사실을 입증하지 못하면 정말로 무죄가 될 수도 있습니다.

그래서 저희가 도로교통공단과 같이 실험을 해 가글을 한 뒤 알코올이 남아 있는 시간을 측정했더니 15분만 지나면 구강에서 없어지는 것을 확인했습니다. 그래서 이른바 '15분 룰'이라는 것을 경찰에 알려 주었습니다. 구강 청결제 때문이라고 주장하면 15분 뒤에 다시 측정하라는 거죠.

또 이런 경우도 있었습니다. 병원에 가면 검사를 위해 혈액을 뽑을 때가 많습니다. 피를 뽑을 때 감염을 막고자 주사 놓을 곳을 미리 알코올 솜으로 닦게 됩니다. 그 솜에 묻어 있는 알코올이 에탄올입니다. 그래서 혈중 알코올 농도 검사를 할 때 알코올을 묻힌 솜으로 피부를 닦고 주삿바늘을 넣어서 혈액을 뽑으면 거기에 에탄올이 오염이 되기도 해요. 이를 활용해 20년 전에는 피의자 변호사들이 시료가 오염됐다고 주장해서 법원에서 무죄가 나오는 일도 있었습니다. 그래서 저희 연구원에서는 알코올 없는 음주 채취 키트를 만들어서 경찰에 배포했죠. 그 덕분에 지금은 오염을 이유로 무죄가 나오는 경우가 거의 없습니다.

범죄를 입증하는 일 전반에
결정적인 역할을 하시는 거네요.

그렇기 때문에 저희가 하는 실험은 증거물을 분석하는 데 필요한 실험과 새로운 감정 기법을 개발하기 위한 실험이 섞여 있습니다. 두 가지를 동시에 하는 거죠. 감정 기법을 개발하는 연구만 하면 그 사람은 감정에 대한 현장감이 떨어질 수도 있어요. 감정 업무를 함께 해야지 어떤 것이 왜 필요한지 알 수 있고, 감정서를 쓰면서도 깨닫게 되는 점이 많이 있거든요.

국과수가 전국에 있잖아요. 코로나19로 인해서 비대면 영상 회의 기술이 널리 퍼졌는데요. 주기적으로 전국의 법화학 연구자들이 영상 회의를 통해 자기가 했던 감정에 대해서 이야기하고, 어떤 연구가 필요한지도 이야기를 합니다. 시대 변화에 맞추어 앞으로는 이런 연구를 해 보자고 대화하며 결정해 나가는 셈입니다.

최근에 변화를 느끼는 부분은 어떤 것들인가요?

20년 전에 본드 흡입 사건이 많았다면 현재는 쉽게 마약을 구할 수 있어 본드 흡입을 하는 일은 대부분 사라졌어요. 그 대신 신종 마약 사건이 끊임없이 생기고 있습니다.

게다가 지능적인 범죄 사례를 언론에서 많이 다루고, 많은 사람들이 쉽게 검색할 수 있다 보니 기존의 감정만으로는 부족할 때가 많습니다. 그런 사건들을 위해 신기술이 지속적으로 필요합니다.

이처럼 과학 수사의 다양한 분야에서도 계속해서 디지털화가 이루어져 최근에는 인공 지능을 이용한 영상 분석, 데이터 해석이 어떤 방식으로 가능할지 연구 중이며 가상 현실을 이용해 실제 사건 현장을 3차원으로 재현하기도 합니다. 영화 같지 않나요? 사진으로만 보존하던 사건 현장을 이제는 3차원으로 시각화할 수 있으니 시공간을 초월하여 사무실에서도 조사할 수 있지요. 앞으로는 범죄 예방을 위한 과학 수사가 더 진화하리라 생각됩니다.

과학 수사가
범죄 예방도 할 수 있나요?

예를 들어 교통 관련 일자리에 누군가를 채용할 때, 모발에서 마약이나 음주 대사체를 확인하여 평소에 음주나 약물 의존성이 있었는지 확인하기도 합니다. 교통사고를 예방하기 위한 목적이지요. 성범죄로 형량을 마친 사람의 심리 분석을 통해 내면에 성범죄 성향이 남아 있는가를 검사하기도 합니다. 위험이 높다면 성범죄자에게 화학 거세제를 투입하여 미리 성범죄를 막기도 하고요. 앞으로는 인공 지능 데이터들을 종합해 범죄를 예측하고 대비하는 시스템도 더 잘 갖추어질 거라고 생각합니다.

과학 수사도 시대 변화에 따라 크게 변한다는 게 실감 나요.

그렇죠. 시대에 따른 채용의 변화도 있습니다. 지금은 디지털 쪽으로 인재들을 많이 뽑고 있는데요, 20년 전에는 유전자 분석에 대한 수요가 크게 늘어나 관련 전공을 한 사람을 굉장히 많이 뽑았어요. 저희 연구원에 지금 유전자 분석하는 사람들만 90명 정도가 있습니다. 화학 쪽은 한 35명 있고요. 디지털 분석 쪽 수요는 계속 늘어날 것 같습니다. 통화 기록, 인터넷 접속 기록 등의 정보를 수집하고 분석하는 디지털 포렌식과 같은 영역에서 국과수만 아니라 경찰에서도 검찰에서도 사람을 굉장히 많이 필요로 하거든요.

오늘날 과학 수사는 다양한 디지털 분석 기법을 개발하며 진화하고 있다.

그래서 특정 전공이 무조건 유리하다고는 말할 수 없어요. 시대에 따라서 더 많은 인재가 필요한 분야가 달라지기도 하니까요. 하지만 제가 전공해서가 아니라, 화학은 항상 필요합니다. 유해 화학 물질이나 신종 마약이 계속 나오는 상황이니까요.

이야기를 들어 보니
마약 사건이 진짜 많은 것 같아요.

현장에서는 요즘 마약 사건이 너무 많다는 걸 실감합니다. 실제로 1996년 마약류 사범은 6천 명 정도였지만, 2023년에는 2만 명을 훌쩍 넘겼어요. 게다가 앞서 말했듯 신종 마약이 경쟁하듯이 나오고 있습니다. 마약도 다 화학하는 사람들이 만드는 것 같아요. 그 사람들이 새로운 마약을 만들면 저희는 또 그것을 찾아내고 적발해야겠죠.

마약 관련 수사가 이루어지면 연구소에 주사기가 수백 개씩 들어옵니다. 근데 경찰의 입장에서는 거기에 어떤 마약이 있는지도 중요하지만, 누가 그 주사기를 사용했는지가 중요하잖아요. 그러니 전부 유전자 분석해야 합니다. 아무리 주사기가 많아도 각각 따로 해야 하는 거죠. 그래야 몇 사람이 했고, 누가 했는지 범인을 잡을 수가 있으니까요. 그러니까 마약 사건이 늘면 늘수록 마약 분석뿐 아니라 덩달아 유전자 분석도 많아지죠.

계절에 따라서 집중하는 분야가 달라지기도 해요. 예를 들어 5월은 아편을 만드는 양귀비가 피는 철입니다. 관상용이 아닌 일반 양귀비를 마당에 심은 사람은 마약 사범이 됩니다. 그런데 마약을 통한 환각을 위해서가 아니라 약간의 진통 효과와 각성 효과 때문에 양귀비를 심는 경우가 있어요. 그래서 의외로 할머니들이 마약 사범이 되는 일도 적지 않아요.

얼마 전에는 서울 강남 지역의 학원가에서, 공부 잘할 수 있도록 집중력을 높이는 음료라며 학생들한테 마약 성분이 든 음료를 준 사람이 있어서 문제가 된 적이 있습니다. 그런 감정물이 들어오면 어떤 분석을 할지는 분석자한테 달렸거든요. 그 판단을 내리는 과정이 어렵습니다. 만약 최종적으로 어떤 감정이 감정 불가나 결과를 내지 못하는 판정이 나갔을 때는 내가 잘못해서 그렇지 않을까 하는 자책감이 들어요. 그런 순간은 언제나 힘든 것 같습니다.

시대별 국과수 발전사

국과수의 역사는 한국 과학 수사의 역사와 같습니다. 또한, 국과수의 지난 활동을 돌아보면 한국 사회가 어떤 변화를 거쳤는지를 한눈에 알 수 있기도 해요. 시대에 따라 대형 사건·사고의 종류가 달라지고, 범죄 유형도 달라졌거든요.

국과수는 1955년에 발족했습니다. 이때 중요했던 건 감정 업무를 검찰이나 경찰 등 범죄 수사 기관으로부터 독립시키는 것이었어요. 감정 업무가 사건 관계자들의 이해관계에 영향을 받지 않아야 더 공정한 수사가 가능하다고 생각했던 것입니다. 범죄 수사에 그치지 않고 사법 재판에 필요한 증거물에 대해 법의학·법과학적 감정과 연구를 수행하기 시작했어요. 1950년대는 한국 전쟁 직후였기 때문에, 총기가 아직 전부 회수되지 않아 민간인의 총기 살해 사건이 많이 발생했다고 해요.

1960년대 들어서서도 한국의 경제 상황은 크게 나아지지 않았습니다. 매우 빈궁한 시대였기 때문에 생활고에 의한 살인과 자살 등이 많았어요. 강력 범죄의 경우 비교적 손쉬운 혈액형 감식이 주로 이루어졌지만, 최첨단 감정 기법도 도입되면서 국과수의 감정 기법은 점점 발전하기 시작했어요. 1960년대에도 여전히 총기 관련 사고와 범죄가 적지 않았는데요. 1960년대 후반에 개인의 엽총 소유가 허가되었기 때문이라고 합니다. 아이를 많이 낳지 말라는 산아 제한이 국가적으로 이루어진 시기라서 불법 낙태 수술로 인한 사망자 역시 적지 않았고요. 1960년대에는 법치학적 감정 업무가 본격적으로 시작되기도 했습니다. 변사자의 신원을 확인하기 위해 치아를 석고로 본뜨기 시작한 거죠.

1970년대 들어서는 기술이 앞서있던 해외의 장비를 많이 도입하고 연구원들의 해외 연수 등을 통해 감정 업무가 질적으로 향상했다고 해요. 1980년대에 들어서면서는 본격적으로 거짓말 탐지(폴리그래프) 감정 업무가 시작되었습니다. 거짓말 탐지기가 우리나라에서 사회적 이목을 받게 된 계기는 1981년 서울에서 발생한 중학생 유괴 사건이었어요. 거짓말 탐지술이 큰 역할을 해 그 범인은 학교 체육 교사로 밝혀졌죠. 현재까지도 거짓말 탐지기는 수사 과정에서 진술의 진위를 판단하고 자백을 유도하는데 유용하게 활용되고 있습니다.

1980년대에도 기술이 발전하면서 과학 수사 역시 큰 진전을 이뤘습니다. 지금처럼 모든 사람이 스마트폰을 가지고 다니는 시대에는 상상하기 어려운 일이지만, 이 시기부터 컴퓨터를 비롯한 감정 장비가 서서히 보급되어 수사에 활용되기 시작했거든요. 수사 자료가 전산으로 기록, 관리되기 시작했고, 새로운 감정 기법도 만들어지기 시작했습니다. 하지만 범죄가 발생한 직후 이루어지는 초동 수사가 부족해서 증거물이 부족한 상황도 적지 않았다고 해요. 이 시기부터 과학 수사의 중요성이 돋보이기 시작했는데요. '심증은 있지만 물증은 없는' 상태에서 법원에서 무죄 선고가 늘어났기 때문이라고 합니다. 법원에서도 물증의 중요성, 과학 수사의 중요성을 진지하게 보기 시작했다고 말할 수 있겠습니다. 마약류의 감정 역시 이 시기부터 국과수의 주요 감정 업무가 되었습니다. 또한 혈흔과 모발에서 개인 식별을 할 수 있는 새로운 감정 기법이 개발되었다고 합니다. 옷에 묻은 소량의 혈흔만으로 혈액형을 분석하는 기술도 1987년에 이르러 자리 잡았습니다. 또한 혈중 알코올 농도 분석 등의 기술도 이 시기에 크게 발전했습니다. 사회의 변화상 역시 국과수의 역사에 반영되어 있다는 이야기를 했는데요. 민주화 시위를 둘러싼 화염병 투척·최루탄 감정, 연탄가스와 관련된 혈중 일산화 탄소 감정도 적지 않았어요.

1990년대에 들어서면서 생긴 가장 큰 변화는 DNA 분석 도입입니다. 1991년 8월에는 국내 최초로 유전자 분석을 이용한 개인 식별법을 범죄 사건 감정에 도입했죠. 1992년 3월부터는 실제 범죄 증거물에 대한 DNA형 분석법을 감정에 적용했고요. 개인 식별을 위한 DNA 분석 분야는 눈부신 발전을 이루어 왔다고 합니다. 경제적으로 눈에 띄게 풍요로워진 시대였던 만큼 자가용과 외식 문화가 자리 잡아 음주 운전이 급격히 늘어났고 관련한 업무도 늘어났습니다. 동시에 혈액이 아닌 모발에서 마약 성분을 검출하는 일 역시 가능해졌습니다.

이제 기술의 발전이 본격적으로 가속화되는 시기에 접어들었습니다. 1995년에 국과수는 감정 건수 6만 9,133건을 기록해 전년 대비 10.6퍼센트 증가를 기록했습니다. 교통사고 분석에 필요한 기술도 많이 도입되었어요. 곳곳에 설치된 CCTV의 영상을 감정하는 업무도 증가하기 시작했습니다. 2003년에는 혈중 알코올 농도 감정에 있어 새로운 발전이 있었는데요. 수십 년 동안 시행되던 혈중 알코올 농도 감정에서 사용되던 채혈 용기는 운송 중 혈액 부패나 용기 파손에 대한 대책이 전혀 없었다고 합니다. 하지만 이때부터 혈중 알코올 농도 감정 전용 채혈 용기를 제작해 사용하며 문제를 해결했다고 해요.

감정 수요는 2000년대 들어 점점 증가세를 보이다 2008년을 기점으로 폭증하기 시작했어요. 특히 유전자 분석 감정 처리 실적의 성장세가 두드러졌는데요. 관련 법률이 시행되면서 실종 아동 수사를 비롯해 DNA를 신원 확인에 사용하는 사례가 급증했기 때문이라고 합니다. 동시에 모든 감정 분야가 눈부시게 발전한 시기라고 해요. 각 분야의 전문가들이 최선을 다한 덕인지 현재 화학 분석, 교통사고 분석, 심리 분석, 부검 등의 다양한 분야에서 우리나라의 국과수 감정 실력은 세계적으로 견주어도 최고 수준이라고 합니다.

4. 국과수 연구원의 보람과 어려움

세상을 돌아가게 하는 직업들

1960년대 린든 존슨 미국 대통령이 미국항공우주국(NASA)을 방문했을 때의 일입니다. 너무나 즐겁게 바닥을 닦는 청소부가 있었다고 해요. 대통령은 무엇이 그렇게 즐거운지 물었습니다. 청소부는 대답했습니다. “저는 인간을 달에 보내는 일을 돕고 있는 중입니다.” 국과수에도 연구원들 말고도 여러 분야의 사람들이 함께 일하고 있어요. 모든 사람의 직업은 사회 구성원 서로에게 영향을 미칩니다. 여러분이 하게 될 일 역시 그럴 거예요. 가능하면 다른 사람들의 삶에 보탬이 되는 일을 할 수 있다면 좋을 테고요.

어른이 된 자신의 모습을 상상해 본 적이 있나요? 상상해 본 적 없다면 지금 떠올려 보면 어때요? 어른이 된 여러분은 어떤 일을 하고 있을까요? 어떤 친구들과 어울리고 있을까요? 어떤 나라에 살고 있을까요? 지금 여러분이 만나는 주변 어른과 비슷한 모습일까요? 아니면 완전히 다른 모습일까요? 원하는 모습을 마음속으로 선명히 상상해 보면 그 모습에 가까이 다가갈 수 있다고 해요.

그다음에는 시간을 거꾸로 돌리는 상상을 해 봐요. 가령 학교 선생님이나 부모님이 지금 이 글을 읽는 여러분의 나이였을 때 말이죠. 어른들은 어렸을 때 미래의 진로를 잘 알고 있을까요? 한번 여쭤 보면 어떨까요? 엄마, 아빠, 선생님은 어렸을 때 장래 희망이 뭐였어요? 어른들이 늘 던지는 그 질문을 되돌려 주는 거예요.

직업에는 신기한 면이 있습니다. 우리는 돈을 벌기 위해서 직업을 갖지만, 직업은 언제나 돈을 버는 것 이상의 의미를 갖게 되거든요. 하는 일이 일터에서만이 아니라 사회적으로도 큰 영향력을 끼친다면 더욱 그럴 거예요. 국과수에서 일하는 분들이 하는 일은 매일 출퇴근해 일하고 월급을 받는 평범한 일인 동시에, 뉴스에 자주 보도되는 사건들의 뒤에서 숨은 진상을 밝혀내는 특별한 일이기도 합니다.

그런데 뉴스에서 언급될 일 없는 직업을 가진 사람도 사회를 위해 기여하는 일을 하고 있다는 사실을 알고 있나요? 우리가 인터넷을 끊김 없이 쓸 수 있는 것도, 지하철에서 에스컬레이터를 타고 이동할 수 있는 것도, 연필과 볼펜으로 낙서를 할 수 있는 것도 다 누군가가 사명감을 갖고 자신의 일을 열심히 한 결과입니다. 아직 어린 우리는 어른들이 만들어 낸 세상의 도움을 받고 있고, 우리가 어른이 되면 또 다음 세대를 위해 각자의 일을 분주히 하게 되겠지요.

국과수 연구원에게는
책임감이 많이 따르는 것 같아요.

이 일은 책임감이 큰 일일 수밖에 없습니다. 노력을 해도 끝까지 진상을 밝히기 어려운 사건도 있고 사회적으로 이슈가 되는 사건은 신속하게 해야 한다는 압박감도 크니까요. 하지만 이런 경우 섣부른 판단으로 정확성이 떨어질 수 있기 때문에 매우 조심해야 합니다.

그럼 가장 힘들었던 사건을 여쭤 봐도 될까요?

1999년 5월 20일 대구에서 일어난 사건인데요, 6살 김태완 군이 정체를 알 수 없는 남성에 의해 황산 테러를 당한 일입니다. 당시 피해자는 전신에 화상을 입고 고통 속에서 치료를 받다가 죽었어요. 그 범인을 찾아야 했는데 황산 관련 사건이니까 어디에 감정 의뢰가 왔겠습니까? 제가 있던 화학과로 사건이 접수됐어요. 그때 용의자는 물론이고 지나가는 사람들의 옷 조각까지 증거물로 수집되어 왔는데 황산이 조금이라도 튀었을까 싶어 정말 많은 분석을 했지만 결국 범인을 잡지 못했습니다. 그 김태완 군 사건으로 이른바 '태완이법'이 만들어졌어요. 살인 사건의 공소 시효를 없애는 법입니다. 그 법 덕분에 미제 사건 전담팀이 만들어져 영화 「살인의 추억」의 모티프가 된 연쇄 살인 사건의 범인인 이춘재도 찾아낼 수 있었던 거죠. 미제 사건에 대한 수사는 계속되고 있지만, 많은 노력을 기울였음에도 성과가 없을 때는 무척 힘듭니다.

몇몇 사건은 지금 생각해도 피해자와 유족에게 죄송하고

'내가 잘못한 것은 없는가?'라고 여러 가지 상황을 되새기며 쉽게 잠들지 못하죠. 중요 사건이 언론에서 다시 조명될 때면 마음이 더욱 힘들어지기도 합니다.

보이지 않는 곳에서 분투하는 직업인 것 같아요.

정말 그렇습니다. 제 전공이 화학이다 보니 유해 가스 현장이나 화재, 폭발 현장에 가게 됩니다. 현장을 접하는 경우 끔찍한 장면을 보게 되기도 하는데요. 산업 현장의 열악한 환경만 아니라 스스로 생을 마감할 정도의 참혹한 생활 환경을 보는 것도 마음이 괴롭고 어렵습니다. 이렇다 보니 심리적 어려움을 겪는 직원들도 있을 수밖에 없습니다.

국과수에서는 몇 년 전부터 자체적으로 스트레스 회복 프로그램을 진행하고 있습니다. 면담을 거쳐 스트레스 회복이 필요하다고 생각되는 직원들을 2박 3일간의 회복 프로그램에 참여시키는 것입니다. 업무의 스트레스를 풀기를 바라는 뜻입니다.

선생님은 스트레스를 어떻게 푸는 편인가요?

특별히 비법이 있는 건 아니고 가족들과 같이 시간을 보내요. 또 요즘은 달리기, 그리고 강아지와 함께 산책을 하고 있어요. 여가 시간에는 책을 읽어 보려고 노력해요. 연구소의 독서 토론도 참여해 봤어요. 한 달 동안 똑같은 책을 여럿이 읽어 온 뒤 각자 질문을 하나 만들어 오는데, 그 질문에 대해 서로 다른 대답을 내놓는 것을 들어요. 책의 종류도 다양하게 선정해 소설이나 수필도 읽으면서 즐겁게 이야기합니다. 한번은 히가시노 게이고의 추리 소설 『라플라스의 마녀』(현대문학 2016)를 읽고는 내용보다 살인의 수단으로 나오는 유해 가스 '황화 수소'의 독성에 대해 한참 토론한 적도 있습니다.

일터에는 아무래도 여러 세대의 사람들이 있는데 독서는 서로를 이해하는 데도 도움이 됩니다. 국과수 원장님이셨던

분이 추천해 준 『가난한 집 맏아들』(유진수 지음, 한국경제신문 2012)을 함께 읽는 일은 가난했던 1950~60년대생들의 시대상을 후배들에게 이야기하고 서로를 이해하는 즐거운 시간이었습니다. 그런 맥락에서 『90년생이 온다』(임홍택 지음, 웨일북 2018)를 읽으면서는 국민건강보험공단의 독서 모임과 합동 토론을 진행하기도 했습니다. 세대 차이가 느껴지는 시간이었지만 다른 직장 분위기를 엿볼 수 있고 서로 개선할 점을 찾을 수 있는 유익한 시간이었습니다.

독서 모임 외에도 달리기나 테니스 등 여러 동호회 활동을 하면서 체력 단련을 하고 잠시 일에서 벗어나려고 노력하는 직원들도 많습니다. 점심시간에 요가 동호회를 하는 사람들도 있고요. 실험실에서 늘 같은 자세로 있다 보니 몸이 굳어 있을 수밖에 없는데 이럴 때 스트레칭이나 요가가 도움이 됩니다.

일하는 보람에 관해서도 듣고 싶어요.

이 일을 하는 가장 큰 보람은 범인을 찾고, 억울한 사람의 무죄를 입증함으로써 사회에 공헌할 수 있다는 점입니다. 가령 현미경으로 변사자의 손톱 밑에 있는 섬유 한 올을 찾아내고 이 섬유가 용의자의 옷 섬유와 일치할 때 두 사람이 싸우거나 변사자가 격렬히 저항한 것을 입증해 줍니다. 화성 연쇄 살인 사건의 용의자로 지목돼 억울하게 옥살이한 분의 무죄를 입증할 수 있었던 것도 국과수의 유전자 감정 덕분이었죠.

꼭 범죄와 관련되지 않아도 우리 사회에 공헌하는 일이 있습니다. 유전자과는 범죄 수사에 참여하는 일도 많지만, 실종 아동 찾기 프로젝트도 같이 하고 있습니다. 실종 아동의 유전자를 보관하고 있다가 유전자가 일치하는 사람을 찾았을 때 가족을 찾아 주는 거지요.

또 다른 예를 들자면 국방부와 함께 한국 전쟁 당시의 국군 유해의 신원을 찾아 주는 일이 있습니다. 한국 전쟁 때는 해외에서도 많이 참전했으니까 유해가 어느 나라 사람인지를

2019년 철원군에서 발굴된 한국 전쟁 전사자 발굴 유해.
추모의 뜻을 담은 국화꽃이 놓여 있다.

알 수 없어서 가족의 품으로 돌려줄 수 없는 경우도 많습니다. 이 경우에도 물론 유전자 검사를 제일 먼저 합니다. 유전자 검사를 해서 안 나올 경우는 치아를 가지고 동위 원소 분석도 진행하고요. 참고로 동위 원소 분석이란 생물체 속에 남아 있는 화학적 자취를 분석하는 것을 말합니다. 어떤 지역에 살았는지에 따라 동위 원소의 비율이 조금씩 다른데, 쉽게 말하자면 치아를 분석하면 유년기 때 본인이 살았던 지역을 알아낼 수가 있다는 것입니다. 그렇게 어떤 국가의 사람인지 알아내면 해당 국가에서 군인의 유해를 찾아갈 수 있게 됩니다.

반대로 해외에 있는 우리나라 사람들의 유해를 분석하는 일도 합니다. 일제 강점기 때 하와이 같은 곳으로 끌려간 노동자들이 많이 있었거든요. 그 시절 그곳에서 죽은 유해들에 대해 동위 원소 감정을 진행해 우리나라 사람인지 확인하고 한국으로 모시고 오는 거예요.

이런 일도 다 국과수에서 하는군요.

일을 하면 할수록 새롭게 익혀야 할 것들이 많다는 생각도 들어요. 과학 수사는 단순히 규격화된 실험을 반복하는 일이 아닙니다. 범죄가 갈수록 지능화되기 때문에 그에 발맞춰 수사 기법, 감정 기법도 발전해 나가야 합니다. 옛날에는 지문과 유전자만 있으면 사건의 80~90퍼센트는 해결된다고 말하는 사람도 있었어요. 하지만 지금은 지문과 유전자만으로 해결되는 사건은 10퍼센트 미만이에요.

왜 그럴까요? 의도적으로 범죄를 저지르려는 사람들이 지문을 남길까요? 아니죠. 유전자를 남기겠습니까? 아닙니다. 범죄자들도 수사 기법에 대해 알고 있기 때문에, 더 까다로워지는 거예요. 그 외의 여러 수사 기법에 대해서도 언론이나 인터넷 검색으로 많이 알아낼 수 있거든요. 그렇기 때문에 외국 사례는 어땠는지 논문도 계속 읽어야 하고 새로 개발되는 감정법을 계속 익혀야 합니다. 전문성을 가지고 계속 공부하면서 시대 변화를 따라가야 해요. 범죄는 지능화되면서 항상 변하고 있으니까요.

미래의 국과수는 어떤 모습일까요?

미래의 국과수는 세계를 선도하는 최고의 과학 수사 기관이 되어 있을 겁니다. 그리고 좀 더 글로벌해져 있을 것 같아요. 국내뿐만 아니라 다른 나라와 연계된 범죄에서 국제적으로 협업할 수밖에 없고 감정 결과를 인정받으려면 국제 표준에 따른 인증도 중요해지니까요. 그러다 보면 지금 이상으로 국내외 대학, 법기관이나 과학 전문가들과의 협업이 필수적입니다. 한국의 과학 수사가 더 발전하기 위해서는 가령 '국가법과학위원회' 같은 전문가 집단을 만들 필요도 있어요. 과학적이고 민주적인 토론을 통해 국민의 안전을 위한 법과학 정책과 연구를 만들어내는 기관이 생기기를 바랍니다. 무엇보다 억울한 사람이 한 명이라도 생기지 않는 것이 가장 큰 목표입니다.

이다혜 기자의 돋보기

무죄 추정의 원칙

「재심」(2016)이라는 영화가 있습니다. 변호사 이준영(정우 분)이 10년을 살인자라는 누명을 쓰고 감옥에 수감되어 있던 청년 조현우(강하늘 분)를 변호하는 내용인데요. 이 영화의 바탕이 된 실화가 있습니다. SBS 「그것이 알고 싶다」에서 방송해 화제를 모은 사건으로, 바로 2000년 익산에서 발생한 '약촌 오거리 택시 기사 살인 사건'입니다. 이 사건이 유명해진 이유는 '증거 없는 자백'만으로 목격자를 살인자로 둔갑시켰기 때문이에요.

사건의 전말은 이렇습니다. 2000년 8월 10일 새벽 2시경 전북 익산 약촌 오거리에서 택시 기사가 12차례나 칼에 찔린 채 무참히 살해당하는 사건이 발생했어요. 경찰은 주변을 수색하다가 목격자를 발견합니다. 동네 다방에서 배달 아르바이트를 하던 소년이 한 남자가 뛰어가는 것을 봤다고 한 거죠. 그런데 3일이 지나자 목격자 진술을 했던 소년은 용의자가 되어 수사를 받게 됩니다. 어떻게 된 일일까요? 경찰은 수사 결과를 '소년은 택시 기사와 말싸움을 하게 돼 그를 잔인하게 살해하고 증거를 인멸한 후 목격자인 것처럼 보이려고 다시 돌아와 경찰에 진술을 했다.'라고 밝혔습니다. 증거에 기반한 수사 결과가 아니라 심증을 바탕으로 강압적인 수사를 통해 자백을 이끌어 내 문제가 된 사건입니다. 2013년 「그것이 알고 싶다」에 방영되면서 이 사건은 다시 사회의 주목을 받게 되었는데요. 당시 억울하게 옥살이를 했던 청년은 "경찰의 폭행과 강압으로 허위 자백을 했다."라며 재심을 청구해 2016년 11월 무죄를 확정받았습니다.

이런 억울한 일을 막기 위해 법원에서 유죄가 확정되기 전까지는 누구든 무죄로 간주합니다. 공정한 재판을 받을 권리도 있습니다. 피고인 또는 피의자의 유죄가 증명되지 않는 한 무죄로 간주한다는 원칙이 바로 '무죄 추정의 원칙'으로, 우리나라의 헌법이 보장하는 권리입니다. 무죄 추정의 원칙은 근대 사법의 가장 중요한 성과 중 하나로 꼽힙니다. '약촌 오거리 살인 사건' 같은 경우는 이러한 무죄 추정의 원칙이 제대로 지켜지지 않은 경우입니다.

재판이 시작되기 전부터 피의 사실이 공표된다면 어떻게 될까요. 유명인이 연루된 사긴의 경우, 재판이 시작되기 전에 언론에서 온갖 보도가 이루어지는 걸 본 적 있지 않나요? 이렇게 피의 사실이 마구잡이로 공표되면 무죄 추정의 원칙은 빛을 잃습니다. '여론 재판'에서 이미 유죄처럼 확정받아 비난받게 되고, 사회적 비난은 재판 결과에까지 영향을 미치기도 합니다. 혐의 내용과 무관하거나 민감한 사생활 정보가 공개되면 피의자를 비롯한 관련자들의 인격이 훼손된다는 문제도 있습니다. 법원에서 무죄를 받는다고 해도 피의 사실 공표로 인한 상처는 쉽게 사라지지 않을뿐더러 사생활 노출과 사회적 비난 때문에 수치심으로 스스로 목숨을 끊는 일마저 생기기도 합니다. 화제가 되는 사건일수록 이 원칙은 지켜지지 않는 경우가 많아 문제입니다. 유명인은 물론 일반인도 수사와 재판에서 무죄 추정의 원칙에 따른 권리를 충분히 누리지 못하는 일이 많고요.

무죄 추정의 원칙이 지켜지지 않을 경우 발생하는 문제는 또 있습니다. 재판이 정식으로 이루어지기 이전에 사건을 특정한 방향으로 정해 놓고 수사를 진행시키는 것도 가능해지거든요. 역사적으로도 힘을 가진 권력자들이 자신의 적을 모함하기 위해 언론을 이용해 피의 사실 공표를 악용한 사례는 수없이 많습니다.

그렇기 때문에 증거 우선의 원칙으로 사건을 세세히 조사하는 일이 중요해집니다. 다른 수사 기관이나 정치 조직 등의 이익 관계에서 독립해 사건을 있는 그대로 살펴보는 과정이야말로, 진실에 가까이 다가갈 수 있는 최고의 방법이니까요. 그러기 위해서 권미아 선생님의 말씀처럼 인내심과 성실성, 탁월한 분석력, 적극성 등의 자질이 요구됩니다. 여러 동료 법과학자와 수사 기관과의 긴밀한 협력이 필요하기 때문에 대인 관계와 소통 능력도 중요한 건 물론이고요. 그리고 역시나 흥미와 관심도 중요합니다. 국과수에서는 홈페이지(nfs.go.kr)를 통해 뉴스레터를 발행하는 등 여러 통로를 통해 소통하려는 노력을 하고 있으니 관심 있는 친구들은 한번 살펴보면 좋을 거예요.

5. 더 나아간 이야기

— 또 질문 있어요

— 진로 탐색에 도움이 되는 책과 영화

— 또 다른 직업들

1. 국과수에 들어가려면 어떤 공부를 하면 좋을까요?

대학원에서 과학 수사나 범죄 심리를 전공한다면 도움이 될 수 있습니다만 분야마다 여러 다른 전공자들이 필요하기 때문에 정해진 답은 없습니다. 한 부서라 해도 각기 다른 전공 분야 출신의 직원들로 구성되는 식입니다. 가령 화학과라 하더라도 환경공학, 신소재공학, 재료공학, 섬유와 같은 여러 가지 세부 전공이 있지요. 채용을 할 때는 여러 분야 중 부족한 분야의 사람들을 우선적으로 뽑게 됩니다. 여러 번 언급했지만 앞으로는 디지털 분야가 수요가 많지 않을까 생각해요. 전자 상거래, 게임·사이버 범죄가 갈수록 많아질 것이기도 하지만 어떤 분야든 디지털 기술은 필요해요. 화학에서 극미량 분석이 가능한 것도 결국은 컴퓨터와 분석 기기의 발전으로 이루어진 것이니까요.

2. 공부 잘하는 법을 알고 싶어요.

제가 공부를 썩 잘하진 못했지만 아직도 공부하고 있는 사람으로서 이야기를 드리자면 공부를 할 때는 공부한 내용을 완전히 자기 것으로 만들어야 한다고 생각했으면 좋겠습니다. 수업을 많이 듣고 학원에 가서 듣는 것이 많다고 해서 배운 내용이 저절로 자기 것이 되는 것은 아니에요. 저는 이 부분에 대한 믿음은 확실합니다. 어떻게 내가 배운 것을 확실하게 내 걸로 만들지를 고민해야 해요. 지식을 알게 되었으니 넘어가는 대신, 원리를 완벽하게 이해해야 해요. 그래야 자기 것이 되고 오랫동안 그 지식을 써먹을 수가 있습니다. 학원 가는 데 시간을 쓰는 만큼 본인이 스스로 공부할 수 있는 시간이 필요해요. 충분히 잠을 자는 것도 필요합니다. 저는 잠을 안 자면 공부하고 싶은 마음이 안 생기더라고요. 한편 제 딸에게 "너는 공부를 어떻게 했니?" 물어보니 배가 불러야지 공부를 할 수 있다 하더라고요. 사람마다 집중하기 위해 필요한 것이 다른 거죠. 저는 잠이 필요한 사람이었고 딸은 잘 먹어야 하는 사람인 거예요. 결국 성적 올리는 방법이 학생마다 차이가 있다는 생각도 많이 해요. 사람마다 필요한 수면 시간이 다를 수밖에 없어요. 잠을 줄여 공부를 한다면, 줄이는 기준이 사람마다 다를 수밖에 없습니다. 뻔한 이야기처럼 들리지만, 결국 자기 한계를 넘지 않는 게 중요해요. 그래야 공부도 일도 성실하게 오랫동안 할 수 있습니다. 한 고비를 넘는다고 해서 끝나는 게 아니라 결국 저 멀리까지 뛰어가려면 스스로 자기를 돌보는 능력이 필요하다는 이야기죠.

3. 어떤 일이 힘드셨는지 궁금해요.

처음 부검 생체 시료를 접할 때 솔직히 힘들었습니다. 구더기가 나오기도 하니까요.

하지만 시간이 갈수록 그런 것보다도 책임감이 제일 힘든 것 같습니다. 결과에 대한 두려움이라고 할까요? 그런 경우에는 내가 할 수 있는 최선을 다했으면 만족하자며 스스로 위로를 합니다.

4. 뉴스에 나오는 끔찍한 사건들을 매일 접해도 괜찮으신가요?

이태원 참사를 아실 겁니다. 업무의 일환으로 현장의 CCTV를 본 안전팀 연구원이 몇 달간을 우울 증상에 시달리는 것을 보았습니다. 트라우마가 남는 겁니다. 이럴 때마다 피해자들만이 아니라 경찰, 소방대원, 국과수 직원들에게도 치유 프로그램이 좀 더 많이 있었으면 좋겠습니다.

5. 남들과 협업을 잘하려면 어떤 노력을 하면 좋을까요?

저의 경우엔 앞서 언급했던 독서 모임이 좋았습니다. 같은 책을 읽고 같은 질문에 각자 다른 생각을 하고 있는 것이 처음에는 의아하게 느껴지기도 하지만 오랫동안 다른 사람의 의견을 들으면서 점차 그 사람의 생각을 이해하고 존중해 주는 법을 배우게 됐죠. 또 독서 모임이 나의 생각을 조리 있게 말하는 능력을 키워 주는 것 같아요. 이렇게 다양한 사람들과 교류하는 경험이 나중에 업무를 할 때도 도움이 되지 않을까 싶습니다.

6. 과학 수사 연구원들의 직업병이 궁금해요.

가장 문제가 되는 것은 전염병입니다. 부검팀 중에 실제로 결핵에 걸린 직원이 여럿 있습니다. 부검 중 결핵 환자와 접촉하여 걸리게 된 거지요. 이런 일이 정말 빈번하게 일어납니다. 저도 최근에 결핵에 감염된 직원과 회의를 하여 접촉자로 결핵 검사를 받았습니다. 최대한 연구원들이 안전하게 일할 수 있는 환경 시스템을 갖추는 것은 중요합니다. 특히 코로나19 사태를 겪으며 감염 사망자의 부검과 그 시료의 위험성에 대해서 관련 부서가 협의해 감염에서 좀 더 자유로운 생물안전등급 실험실을 만들었습니다.

7. 드라마나 영화에서 그려지는 국과수와 현실의 차이점은 뭐가 있나요?

드라마나 영화처럼 최신식의 건물에서 훤칠한 사람들이 모여 화려하게 근무하지 않아요. 멋진 겉모습만 상상하며 입사를 한다면 분명히 실망하고 버티지 못할 겁니다. 실수도 없이 한 번의 실험으로 정확한 결과를 내는 드라마 속 모습은 현실에서는 찾아보기 힘듭니다. 실수도 하면서 오랜 시간 고민하는 모습이 우리의 실제 모습이 아닐까 합니다.

책 **'셜록 홈스' 시리즈**

'셜록 홈스' 시리즈를 읽어 보았나요? 어린이, 청소년을 위한 축약본으로도 많이 나와 있는 추리 시리즈인데요. 셜록 홈스는 신출귀몰한 솜씨를 가지고 있는 명탐정입니다. 셜록 홈스가 잡지 못하는 범인은 없다고 말해도 될 정도랍니다.

코난 도일은 첫 번째 셜록 홈스 소설인 「주홍색 연구」에서부터 범죄 사건을 과학으로 해결하려는 시도를 했습니다. 셜록 홈스 시리즈를 처음 읽을 때 가장 즐거운 대목은 셜록 홈스가 사건 의뢰인을 만나 보여 주는 '추리 쇼'입니다. 심지어 셜록 홈스와 가장 가까운 친구인 왓슨과 처음 만나는 순간에도 뛰어난 추리 솜씨를 보여 주는데요. 예를 들면 이렇습니다. 셜록 홈스가 등장하는 첫 번째 소설인 「주홍색 연구」가 시작되면 이런 장면이 나옵니다.

홈스가 처음 왓슨을 만납니다. 홈스는 왓슨과 악수를 하고는 바로 아프가니스탄에 있다가 왔냐고 묻습니다. 왓슨은 자신이 아프가니스탄에서 군대 복무를 한 과거를 홈스가 다른 누구에게서 들었으리라 추측합니다. 하지만 홈스는 누구에게서도 그런 이야기를 들은 적이 없다고 딱 잘라 말합니다. 그리고 자신의 추리 과정을 설명하지요.

1초도 안 되는 사이에 그의 머릿속을 스친 생각을 설명해 드릴게요. 왓슨은 의사 같지만 그러면서도 군인 같은 분위기를 풍깁니다. 그렇다면 군의관일 가능성이 높지요. 얼굴빛이 검은 것으로 보아 열대 지방에서 귀국한 지 얼마 안 되는 것 같다고도 추론합니다. 손목이 흰 것을 보면 살빛이 원래 검지 않다는 것을 알 수 있거든요. 얼굴이 해쓱한 것은 고생을 많이 하고 병에 시달렸기 때문일 테고, 왼팔의 움직임이 뻣뻣하고 부자연스러운 것을 보면 왼팔에 부상을 입은 적이 있는 것 같습니다. 홈스의 시대에 열대 지방에서 영국 군의관이 그렇게 심하게 고생하고 팔에 부상까지 입을 만한 곳이 어디일까요? 분명히 아프가니스탄이라는 게 홈스의 결론입니다.

영국의 공영 방송사 BBC가 제작한 다큐멘터리 「세계를 바꾼 명탐정 셜록 홈스」(2013)에 따르면 과학 수사의 원조가 셜록 홈스라고 해요. 혈흔부터 탄도학, 지문, 발자국, 독극물 분석까지 수사에 도입한 셜록 홈스야말로 과학 수사의 선구자였다는 설명이지요. 소설을 쓴 코난 도일이 대단하다고 평가받는 이유가 있는데요. 같은 지문은 없다는 발견에 따른 지문을 이용한 범죄 수사가 막 시작되려던 시기에, 이미 지문을 이용해 타인에게 누명을 씌울 수도 있다는 점을 간파했다는 점에 있습니다. 그러니 셜록 홈스 소설을 읽어 보면, 손에 땀을 쥐는 긴박감과 더불어 과학을 이용한 수사가 진행되는 과정의 초기 모습을 접해 볼 수 있습니다. 1800년대 후반부터 1900년대 초반까지 활동했던 셜록 홈스의 시대로부터 긴 시간이 흐르는 동안 과학 수사는 크게 발전했으니, 소설 속 상황이 현재와 똑같다고 믿으면 안 된다는 것을 잊지 마세요!

드라마 **「싸인」**

「싸인」은 장항준 감독이 연출하고, 김은희 작가가 각본을 쓴 드라마로 과학 수사가 이루어지는 전 과정을 흥미진진하게 구성한 작품입니다. 2011년에 방영된 드라마이니 꽤 긴 시간이 흘렀지만 국과수를 무대로 하는 드라마 중에서는 이 작품을 빼놓고 이야기할 수 없을 정도로 재미있습니다. 국과수 연구원을 제대로 다룬 최초의 한국 드라마라고 해도 과언이 아닙니다.

“산 자는 거짓을 말하고 죽은 자는 진실을 얘기한다. 이게 현실이야.” “시신을 보면, 그 사람의 인생이 보여.” 라는 드라마 속 대사가 명대사로 종종 꼽히는데요. 죽은 사람의 마지막 사연을 밝혀내는 법의관을 주인공으로 하고 있기 때문에, 명대사조차 묵직하게 느껴집니다.

제목인 '싸인'은 영단어 Sign을 뜻하는데요. 한자어로 '사망 이유'를 뜻하는 사인(死因)과 비슷하게 들리기도 하고, 'Sign'이라는 단어에 '흔적'이라는 뜻도 있어요. 국과수는 죽은 사람이 세상에서 마지막으로 방문하는 곳입니다. 그들의 몸에 남은 사인을 관찰하고 억울함을 밝히는 이들이 바로 국과수 연구원들이고요.

「싸인」은 첫 화부터 주목받았는데요. 인기 아이돌 그룹의 한 멤버가 사망하는 사건을 다루고 있습니다. 이 사건은 아직까지도 논란이 있는 가수 김성재의 사망 사건을 떠올리게 하는데요. 그 외에도 「싸인」에서 다루는 사건들은 실화 사건에서 모티프를 얻은 경우가 많습니다. 이야기는 상상의 영역에서 창작되었지만, 사건의 진행 과정과 과학 수사 방법에 대해서는 두루 꼼꼼하게 취재를 한 흔적이 드러납니다. 그렇다고 해도 현실보다는 과장되어 있지만요.

「싸인」에는 법의관부터 프로파일러, 법치의학자, 연구사 등 여러 분야의 전문가들이 고르게 등장합니다. 검찰과 경찰을 비롯한 수사 관계자들도 나오고요. 「싸인」의 흥행 덕분에 법의학에 대한 인식이 달라져 법의학자를 지망하는 사람들이 실제로 늘어났다고 하네요! 우리나라 1호 법의학자인 문국진 박사가 개인 사비로 감사패와 상금을 국과수 이름으로 전달했다고도 알려져 있습니다.

드라마 **'CSI' 시리즈**

국과수의 여러 전문 분야를 자세하게 다룬 드라마로 미국 드라마 'CSI' 시리즈가 있습니다. 'CSI' 시리즈는 미국의 라스베이거스, 마이애미, 뉴욕 등의 여러 도시에서 일하는 과학 수사 요원들을 주인공으로 삼고 있습니다. 한국에서 만들어진 과학 수사 관련 드라마들에 영감을 주었다고 말할 수 있을 정도로 완성도가 높고 재미있는 드라마입니다. 연구실에서 어떤 분석이 어떻게 이루어지는지를 자세하게 다루고 있다는 점도 장점입니다. 범죄 현장에서 증거물을 채취하는 과정부터 연구실에서 실험하는 과정, 범인이 체포되는 순간까지를 긴박감 넘치게 담아냈어요. 미국에서는 여러 시즌이 이어지며 장수한 드라마인데요. 「CSI: 과학수사대」라는 첫 번째 시리즈가 2000년부터 16시즌에 걸쳐 방영되었고, 여러 도시를 무대로 하는 스핀오프 시리즈들이 만들어졌습니다. 최근에 다시 「CSI VEGAS」라는 시리즈가 2021년부터 방영되고 있고요. 도시마다 과학 수사 요원들이 활약하는 방식이 조금씩 차이가 있지만, 어느 시리즈를 보아도 재미있을 거예요. 'CSI' 시리즈의 장점은 전문가가 보기에도 상당히 과학적으로 접근한다는 데 있습니다. 그래서 단점도 있다고 해요. 'CSI' 드라마를 재미있게 본 뒤 국과수에 방문하는 사람들, 또 국과수에서 일하고 싶어 하는 사람들 중에는 드라마 속의 연구 시설과 장비와 현실이 다르다고 실망하는 경우가 있다고요. 드라마는 각종 영상 효과를 가미해 실제보다 더 드라마틱하게 만들었다는 점을 잊으면 안 되겠죠?

책 **『과학수사로 보는 범죄의 흔적』**

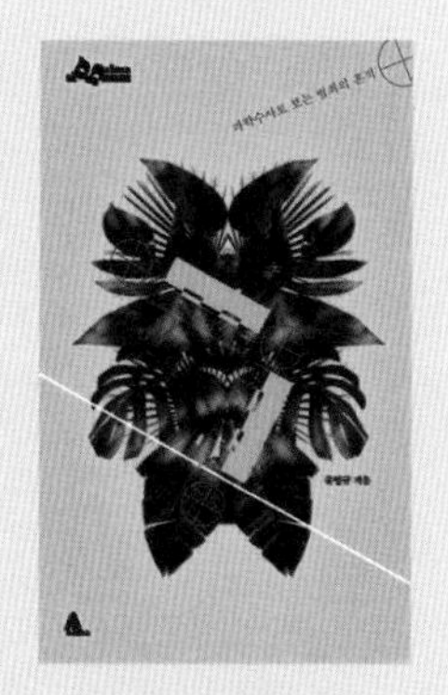

과학 수사에 대해서 가장 광범위한 정보를 얻을 수 있는 곳은 신문 기사입니다. 언론에서는 '사건 중심'의 이야기를, 과학 수사를 통해 밝혀낸 진실과 엮어 보여 주거든요. 『서울신문』에서 연재된 '범죄는 흔적을 남긴다'라는 제목의 칼럼을 엮어 책으로 만든 유영규의 『과학수사로 보는 범죄의 흔적』(알마 2016)은 우리나라 과학 수사의 현실을 확인할 수 있는 책입니다. 무려 36개의 범죄 사건이 이 책에서 소개되고 있는데요, 이 책에서는 베테랑 경찰관, 프로파일러, 부검의, 국과수 관계자 등의 사람들에게 직접 취재한 이야기를 광범위하게 만날 수 있습니다. 우리나라의 실제 사건을 담아낸 글인 만큼 과학 수사를 업으로 하는 이들의 묵직한 책임감 또한 느낄 수 있는 책입니다.

「과학수사로 보는 범죄의 흔적」이 알려 주는 사건들은 때로 두렵고 또한 마음 아픈 경우가 많습니다. '억울한 소녀의 죽음'이라는 챕터에서 만날 수 있는 사건도 그렇습니다. 2009년 가을에 있었던 사건인데요. 서울 한 아파트 단지에 10대 소녀가 피를 흘리며 숨진 채 발견되었습니다. 미국 통계에 따르면 추락으로 응급실에 가는 환자의 오분의 일이 범죄와 연관되어 있다고 해요. 이 사건에서도 타살의 흔적을 찾게 됩니다. 가장 먼저 얻어낸 단서는 부검을 통해서였어요. 사망한 소녀의 허리와 엉덩이에 멍 자국이 남아 있었다고 합니다. 죽기 전 누군가로부터 구타를 당한 흔적을 확인한 경찰은 곧바로 사망한 소녀와 연관되어있는 두 소녀를 찾아 수사를 진행했습니다.

'억울한 소녀의 죽음'이 시체로부터 시작한 사건이라면, 시체가 없이 시작되는 살인 사건도 있습니다. '살인 진실 밝혀낸 토양 감정'이라는 소제목에서 다루는 사건인데요. 2003년에 있었던 일입니다. 이 사건은 한 손을 감싼 택시기사가 파출소에 납치 사건을 신고하면서 시작되었습니다. 20대 초반의 손님을 태우고 가다가 정지 신호에 걸려 정차한 사이, 남자 두 명이 갑자기 뒷문으로 밀고 들어와 손님을 찌르고 자신도 공격했다는 설명이었습니다. 으슥한 곳에 차를 세우고 자신은 도망쳤는데, 범인들이 승객을 다른 차에 옮기고 도주했다고 말이에요. 21살 회사원은 그렇게 사망한 채 발견되었고, 수사가 시작되었습니다. 증거를 면밀히 분석한 결과 자신도 범인들에게 당했다고 주장했던 신고자가 범인으로 체포되었습니다. 범인의 정체를 밝힌 것은 바로 흙이었어요. 운전석 깔판 밑, 운전석 하부에 묻은 흙, 피해자가 발견된 하천변 토양을 분석한 결과 세 가지 흙 모두 일치하게 되면서, 신고자의 자작극을 밝혀낸 것이죠. 『과학수사로 보는 범죄의 흔적』을 읽으면 뉴스에서 다 말하지 않았던 과학 수사의 디테일한 이야기들을 만날 수 있어요. 슬프고 무섭다는 생각이 들 수도, 과학 수사의 힘을 깨달을 수도 있으리라 생각합니다. 왜 과학 수사가 책임감을 가진 이들을 위한 일인지도 알 수 있을 거예요.

법의학자

권미아 선생님이 소장으로 일하는 부산과학수사연구소는 국과수의 첫 번째 지역 연구소입니다. 국과수의 여러 감정 분야 중에서 드라마와 영화에 가장 자주 등장하는 분야가 있다면 바로 법의학입니다. 대한민국 1호 법의학자이자 우리나라에 최초로 법의학 교실을 창설한 문국진 교수님의 이야기를 들어 보면, 한국에서 법의학은 원래 잘 알려지지 않은 분야였다고 해요. 여러 어려움이 있었지만 현재 대한민국 법의학은 학문적 수준으로만 얘기하면 세계적인 수준이라는 것을 생각하면 자랑스럽죠.

법의학에는 '사후 인권'이라는 표현이 있습니다. 사인, 즉 사망 원인을 철저히 가려내어 억울한 죽음이 없도록 보장하는 것인데요. 법의학이 '죽은 자의 증언'을 검증하는 분야임을 보여 주는 말이기도 하지요. 국과수의 다른 분야는 꼭 인간의 죽음과 관련되지 않을 수도 있지만, 법의학은 전적으로 인간의 죽음만을 다루는 분야라는 점이 눈길을 끕니다.

법의학을 전공한 의사, 법치의학을 전공한 치과 의사, 법의인류학 전공자 등이 이 분야에서 일할 수 있습니다. 요즘에는 범죄와 관련한 일을 하는 여러 전문가들이 TV와 유튜브에서 활약하고 있는데요. 「알아두면 쓸데없는 신비한 인간 잡학사전」에 출연하기도 한 법의학자인 이호 전북대 의과대학 교수님은 인터뷰에서 "사람의 죽음에도 의사의 역할이 있다."고 강조한 적도 있어요. "의사는 나의 노력, 환자의 노력, 사회의 노력 삼박자가 맞아떨어져야 질병을 고치고, 생명을 구할 수 있습니다. 법의학은 환자의 노력은 이미 끝난 상태에서 사회와 의사의 노력만 남아 있는 것입니다."라는 것입니다.

의사가 되기 위해서는 보통 의대에 진학해야 합니다. 그러고 나서 의대 졸업 후 선택에 따라 전공 학과 인턴, 레지던트 과정이 이어집니다. 법의학자가 되는 경우는 레지던트 과정에서 병리학을 공부해 병리학 전문의가 된 후, 법의학 대학원에서 박사 과정을 밟으면 좀 더 유리합니다. 병리학은 병의 원리와 본질을 연구하는 기초 의학인데요. 질병에 대한 지식이 풍부해야 부검을 했을 때 정확한 사인을 알 수 있다고 해요. 다만 의사 면허만 있는 경우에도 응시는 얼마든지 가능합니다.

서울대, 연세대, 고려대를 비롯한 학교들에서 법의학을 배울 수 있습니다. 이 대학원의 법의학 교실에서 부검 경험을 쌓으면 법의학자가 됩니다. 해외의 수사물 드라마를 보면 법의학자가 직접 수사에 참여하는 경우도 있는데요, 우리나라의 법의학자에게는 수사권이 없습니다.

법의학자 유성호 서울대학교 의과대학 교수님은 「그것이 알고 싶다」 같은 프로그램에 자주 출연하시는데요. 항상 타인의 죽음에 공감하고, 관심을 갖고, 궁금해 하는 의사가 되겠다고 다짐하신다고 해요.

요즘에는 법의학자가 주인공인 드라마나 소설도 많다 보니까, 『미스터리 작가를 위한 법의학 Q&A』(D. P. 라일 지음, 들녘 2017)라는 책도 출간될 정도입니다. 법의학자가 되기 위해서가 아니라 하더라도, 범죄 영화나 드라마 속의 상황을 이해하는 데도 도움이 될 만한 책이겠지요. 혹시 범죄 이야기를 쓰는 작가가 되고 싶은 친구들에게도 권하는 책입니다.

탐정

셜록 홈스 같은 탐정이 되고 싶다고 생각해 본 친구가 있을까요? 아니면 『명탐정 코난』을 보면서 가슴이 뛰어 본 적 있나요? '탐정'이라는 단어는 어쩐지 신비롭고 흥미로워 보이는데요. 2020년 우리나라에서도 탐정 영업이 합법화되었습니다.

한국에는 대한탐정협회라는 단체가 있습니다. 이전까지만 해도 우리나라에는 탐정이라는 직업이 법적으로 존재할 수 없었기 때문에, 민간 조사원을 비롯해 비슷한 직업만이 존재할 뿐이었어요. 그동안은 탐정이라는 이름을 쓰면 불법이었다는 뜻이에요. 합법화되었다고는 하지만 아직 영화나 만화 속 탐정처럼 활약하기는 어렵다고 해요. 탐정이 법정에서 유효한 민·형사 사건 증거를 직접 수집하는 일을 허용하고 있지 않기 때문입니다. 어떻게 보면 탐정이라는 직업은 있지만 탐정의 본질적인 활동에는 아직 제약이 있다고 말할 수 있겠습니다.

공인 탐정 제도가 명확하게 갖추어졌다기보다는 탐정 관련 민간 자격증이 몇 가지 있는 상황입니다. 탐정으로 활동하고 있는 사람들 중 과반수가 전현직 경찰관 출신이라고 하니, 경찰로 근무한 이력이 탐정으로 활동하는데 유리하다고 말할 수 있겠습니다.

미국에서는 탐정도 변호사와 같은 전문직으로 분류하고 있다고 해요. 각 주마다 탐정 면허법은 조금씩 차이가 있지만, 수사와 관련된 면허를 주기 때문에 수사에 직접 참여하는 일이 가능하다고 합니다. 탐정 학교가 있어서 면허 시험에 합격하면 일반 탐정으로 일을 시작할 수도 있고요. 셜록 홈스의 본고장인 영국에서는 공인 탐정을 위한 국가 직업 인증 시험이 있어요. 분야별로 다양한 활약을 할 수 있는 가능성이 열려 있는 셈입니다.

미국 영화 중에는 「나이브스 아웃」(2019)이라는 작품이 있어요. 이 영화에는 '007시리즈'로 유명한 다니엘 크레이그라는 배우가 출연해서 죽음과 관련된 진실을 풀어내는 역할을 맡습니다. 영화에서 보는 것처럼 멋진 탐정의 활약을 기대하기에는 아직 여러 면에서 현실이 부족한 면이 있기는 합니다만, 시간이 지나면서 점점 더 다양한 활약을 할 수 있는 가능성이 열리지 않을까 기대해 봅니다.

프로파일러

범죄와 관련된 직업 중에서 가장 잘 알려진 전문가 중 하나가 프로파일러가 아닐까 합니다. 영화나 드라마에서도 자주 등장하는 직업이고, 범죄와 관련된 프로그램에서도 자주 볼 수 있는 직업이니까요. 프로파일러는 범죄자의 마음을 읽는 일을 업으로 삼는 사람들입니다. 우리나라에 프로파일링 기법이 수사에 도입된 시기는 2000년대 초반인데요, 20여 년의 시간 동안 많은 전문가들이 탄생했습니다. 이 시기는 연쇄 살인 사건을 비롯해 기존 수사 방식으로는 해결이 어려운 강력 범죄들이 늘어났기 때문에, 새로운 수사 기법이 필요해진 것입니다.

한국에서 프로파일러는 경찰청 소속의 경찰입니다. 범죄 분석관이라고 불리기도 해요. 심리학, 사회학, 범죄학, 통계학을 전공한 사람들 중에서 채용됩니다. 프로파일러가 인간의 심리를 다루기 때문에, 사람의 속마음을 추측한다고 생각하는 경우가 있어요. 하지만 프로파일러는 범죄 현장을 살피고 증거를 분석하고 면담을 통해 얻은 정보를 통해 객관적이고 과학적인 추론을 이끌어 내는 직업입니다. 범죄자의 심리를 파악하기 위해 범죄자의 입장에서 생각하는 경우도 있다고 합니다.

미국에는 존 더글러스라는 전설적인 프로파일러가 있습니다. 미국에서 1970년대 FBI에서 행동과학부라는 부서에서 교도소에 수감된 범죄자들과의 면담을 집중적으로 진행하면서 프로파일러라는 직업을 만든 사람입니다. 존 더글러스의 회고록을 바탕으로 「마인드헌터」라는 드라마가 만들어지는가 하면, 존 더글러스를 모델로 「크리미널 마인드」의 제이슨 기디언 반장이라는 캐릭터를 만들기도 했습니다. 「양들의 침묵」이라는 유명한 범죄 영화와 소설에 나오는 잭 크로포드라는 캐릭터 역시 존 더글러스가 모델입니다.

유명한 프로파일러가 존재하고 여러 영화와 드라마의 주인공으로 등장한다는 것은, 범죄자와 직면해서 일하는 업무의 특수성과도 관련이 있는 것 같습니다. 모든 사건이 프로파일러의 업무 범위에 있지는 않아요. 보통 프로파일러는 강력 범죄, 해결되지 않은 미제 범죄나 연쇄 사건을 해결하는 데에 투입되어 사건의 동기를 밝히는 일을 합니다.

프로파일러와 연관된 직업 중에는 범죄심리학자도 있습니다. 범죄심리학자는 범죄자가 왜 범죄를 일으켰는지, 범죄자의 성장 환경이 범죄 성격과 어떻게 연결되는지 등을 연구합니다. 범죄심리학자는 학자에 더 가깝고, 프로파일러는 현장에서 일하는 경찰관입니다. 두 가지 직업은 비슷해 보이지만 다르고, 서로 영향을 주고받는다고 할 수 있어요.

이미지 출처

17면, 37면, 49면　국립과학수사연구소

31면, 94면　연합뉴스

35면　PxHere / 임종명

55면　순천향대학교 법과학대학원 증거물 분석실

78면　Unsplash / Adi Goldstein

108면　황금가지

113면　알마

그 외 저자 및 출판사 직접 촬영

발견의 첫걸음 7

국과수에서 일하는 상상 어때?

초판 1쇄 발행 • 2024년 4월 12일

지은이 • 권미아 이다혜
펴낸이 • 염종선
책임편집 • 이상연
조판 • 박아경
펴낸곳 • (주)창비
등록 • 1986년 8월 5일 제85호
주소 • 10881 경기도 파주시 회동길 184
전화 • 031-955-3333
팩스 • 영업 031-955-3399 편집 031-955-3400
홈페이지 • www.changbi.com
전자우편 • ya@changbi.com

ISBN 978-89-364-5327-5 44400

* 책값은 뒤표지에 표시되어 있습니다.